聚铝废渣的资源化利用

陆永生　韩晓刚　著

U0256715

上海大学出版社

·上海·

内容提要

本书介绍了在聚合氯化铝的生产过程中产生的聚铝废渣的资源化利用方法,包括将聚铝废渣通过酸或碱改性后,作为污泥调理剂使用。此外,碱改性聚铝废渣具有良好的污泥脱水效果、污染物吸附效果,也可作为一种新型吸附剂。可通过动力学、热力学分析其吸附行为,利用响应曲面法优化其工艺处理参数。碱改性聚铝废渣还可应用于含镍废水、刚果红染料废水、含磷废水等的处理。本书可作为水和废水处理、污泥处理与处置等领域的研究及生产实践科技人员的参考书,也可供高等学校环境科学与工程、给排水工程等相关专业的师生参阅。

图书在版编目(CIP)数据

聚铝废渣的资源化利用 / 陆永生,韩晓刚著.
上海 : 上海大学出版社,2024.12. -- ISBN 978-7-5671-5126-0

Ⅰ. X781.2

中国国家版本馆 CIP 数据核字第 2024SF2124 号

责任编辑　李　双
封面设计　缪炎栩
技术编辑　金　鑫　钱宇坤

聚铝废渣的资源化利用

陆永生　韩晓刚　著

上海大学出版社出版发行
(上海市上大路 99 号　邮政编码 200444)
(https://www.shupress.cn　发行热线 021 - 66135112)
出版人　余　洋

*

南京展望文化发展有限公司排版
上海华业装潢印刷厂有限公司印刷　各地新华书店经销
开本 787mm×1092mm　1/16　印张 9.75　字数 202 千字
2024 年 12 月第 1 版　2024 年 12 月第 1 次印刷
ISBN 978 - 7 - 5671 - 5126 - 0/X · 16　定价　68.00 元

前　言

聚合氯化铝(polyaluminium chloride，PAC)是 20 世纪 60 年代末发展起来的一种无机高分子混凝剂。聚合氯化铝的应用领域较为广泛，包括污水处理、造纸和化妆品等行业。随着公众环境意识的提高，国家正积极推进"加强生态环境保护，全面推进美丽中国建设"的政策，使得聚合氯化铝在水处理领域的应用前景愈加广阔。近年来，国内聚合氯化铝产业产量保持在 200 万吨以上。据统计，在生产聚合氯化铝过程中，利用铝酸钙粉作为原料会产生至少 15%(以绝干计)的压滤残渣，即聚铝废渣。此类废渣呈黏稠状，具有弱酸性，如不处理会对环境产生极大的危害。目前，国内外对聚铝废渣的主要处理方式是填埋和堆弃，不仅处理成本高且污染环境、占用土地资源，因此，如何将聚铝废渣资源化，赋予其新的使用价值，实现对聚铝废渣的"吃干榨净"、零排放循环利用，是件非常有意义的事，值得关注研究。

我们课题组在处理聚铝废渣方面具有多年的科研、工程及社会实践经验，与常州清流环保科技有限公司建立了长期的科研合作关系。该公司是一家集科研、生产、经营、服务于一体的企业，也是上海大学环境与化学工程学院的产学研基地之一。本书介绍了该公司在生产聚合氯化铝过程中产生的聚铝废渣的资源化利用情况，包括将聚铝废渣通过酸或碱改性后作为一种污泥调理剂，以及将其碱改性后作为一种新型的吸附剂。本书整体偏向于实际工程应用方面，具体内容分为 5 章：第 1 章简述了聚合氯化铝的生产现状、聚铝废渣的来源与危害，以及实现聚铝废渣资源化的途径，并分析了聚铝废渣作为污泥调理剂和吸附剂的可行性；第 2 章详细说明了聚铝废渣经酸或碱改性后在污泥调理中的应用，同时考察了不同改性条件和工艺操作参数对污泥的处理效果，并通过响应曲面法给出了实现污泥调理的优化条件；第 3 章介绍了碱改性聚铝废渣在含镍废水处理中的应用，在考察除镍效果的基础上，通过动力学、热力学分析其吸附行为，并通过响应曲面法进行工艺处理过程中参数的优化；第 4 章介绍了碱改性聚铝废渣在刚果红染料废水处理中的应用，同时考察了刚果红染料废水脱色的影响因素，用动力学、热力学分析碱改性聚铝废渣的吸附脱色行为，并通过响应曲面法对工艺处理条件进行优化；第 5 章比较了原聚铝废渣、酸/碱改性聚铝废渣的除磷效果，利用动力学、热力学方法讨论了碱改性聚铝废渣的除磷效果。

　　本书各章节主要编写人员有陆永生(上海大学)、韩晓刚(常州清流环保科技有限公司),由陆永生统稿、定稿。本书涉及的研究工作主要由李晴淘、张淳之等硕士研究生完成,陈晨博士研究生,曹蕊、董慧、杨哲贤等硕士研究生也参与了部分工作。

　　在研究过程中得到了蒋晓春(常州清流环保科技有限公司),邱慧琴、钱光人、刘建勇、刘强、许云峰、张佳(上海大学),周吉峙(南京工业大学),鲁金凤(南开大学),万俊锋(郑州大学),赵谨(《工业水处理》杂志社),尹显才(南京南南精细化工有限公司)等的大力支持和帮助,在此表示由衷的感谢!

　　在本书的编写过程中,编者参阅和引用了大量的有关文献和资料,在此向所引用文献的作者致以诚挚谢意!

　　本书的出版得到了常州清流环保科技有限公司的资助,以及教育部首批虚拟教研室建设试点"环境工程原理课程虚拟教研室"、南开大学"新工科"环境类融合式创新虚拟教研室和上海大学出版社等单位的大力支持和帮助,在此一并表示衷心的感谢!

　　本书可作为水和废水处理、污泥处理与处置等方面的研究人员及生产实践科技人员的参考书,也可供高等学校环境科学与工程、给排水工程等相关专业的师生参阅。

　　由于作者的技能和水平有限,加之编写经验不足,书中难免存在疏漏,敬请广大读者和同行提出宝贵意见和批评,以便进行修正和完善。

目　录

第1章
绪　论

1.1　聚合氯化铝的概况及生产方法

1.1.1　聚合氯化铝的概况

聚合氯化铝(PAC),俗称羟基氯化铝、碱式氯化铝或聚氯化铝,简称聚铝,其化学通式为 $Al_n(OH)_mCl_{(3n-m)}$, $0<m<3n$ [1-3]。PAC 是 20 世纪 60 年代末发展起来的一种无机高分子混凝剂,是目前应用最广、销售量最大的无机混凝剂和水处理剂,国内约 60% 的水处理厂采用 PAC 进行混凝处理[4]。

由于 PAC 对水体中胶体与颗粒物具有高度电中和与架桥作用,水解过程中,伴随发生凝聚、吸附和沉淀等物理化学过程。因此,PAC 常用于水处理领域,包括生活用水、工业用水的净化,城市污水、工业废水、污泥的处理处置等。与传统的无机混凝剂相比,PAC 具有絮凝沉淀速率快,适用 pH 范围宽,对管道设备无腐蚀性,净水效果明显,能有效去除水中的色度、固体悬浮物(suspended solids,SS)、化学需氧量(chemical oxygen demand,COD)、生物需氧量(biological oxygen demand,BOD)和重金属离子等优点。

因依据的标准不同,PAC 分类方法有很多。如按其形态,可分为液体 PAC 和固体 PAC;按干燥工艺,可分为滚筒干燥 PAC 和喷雾干燥 PAC;按使用范围,可分为高纯 PAC(食品级)、饮水级 PAC 和工业级 PAC。

PAC 的颜色与生产原料有关,一般有白色、黄色、棕褐色,不同颜色的 PAC 在应用及生产技术上也有较大区别。PAC 的生产原料很多,一般情况下含有铝元素的原料均可使用,根据来源不同,这些原料大致可分为三类:第一类,含铝矿物类,包括铝土矿(三水铝石、一水软铝石、一水硬铝石)、高岭土、黏土、煤矸石、焦宝石、明矾石等;第二类,工业废物,包括铝屑、铝灰、铝渣、废铝箔、三氯化铝废水等;第三类,化工产品及中间体,包括结晶氢氧化铝、三氯化铝、铝酸钠等。

1.1.2　聚合氯化铝的生产方法

根据原料的不同,PAC 的生产方法可分为金属铝法、活性氢氧化铝法、三氧化二铝法、氯化铝法等，还有以废分子筛、多晶硅残液和赤泥为原料制备 PAC 的方法。此外，也可根据生产工艺的不同，将 PAC 的生产方法分为酸溶法、碱溶法、中和法、热解法、加压反应法、混凝胶法、电渗析法、电解法等[4,5]。

目前，在 PAC 的生产方法中，主要有酸溶法和碱溶法实现了工业化生产。由于采用盐酸作为生产原料之一，酸溶法存在酸雾现象，但其工艺简单、投资少，且 PAC 产品中具有较多的游离酸，在后续贮存过程中与铝羟基络合物结合，能较好地阻止铝羟基络合物进一步水解，因此其产品稳定性好。但由于生产原料中存在的杂质，使制得的 PAC 产品中杂质含量偏高，尤其是重金属元素含量容易超标，产品质量不稳定，设备腐蚀较为严重。碱溶法生产得到的产品中会有较多的游离碱残留，在贮存过程中铝羟基络合物趋于结合更多的羟基，从而进一步水解和聚合形成氢氧化铝凝胶沉淀，从而导致产品稳定性差。因此，当前液体 PAC 的生产方法基本采用酸溶法，但为了提高最终产品的盐基度，往往在反应结束后再增加一道碱调工序，即利用铝酸钙粉或其他碱溶液调节游离酸，提高产品的盐基度[5]。

目前，在以含铝原料制备 PAC 产品的工艺方法中，应用最为广泛的是酸溶法，其具体生产步骤如下：先将盐酸和水按照一定比例混合，随后将其投入一定量的含铝原料中，在一定的温度下充分反应一段时间；再将反应产物放在一定温度下熟化若干小时，得到的上层清液即 PAC 溶液；将上清液浓缩烘干即可得到 PAC 固体。其生产工艺流程，如图 1-1 所示。

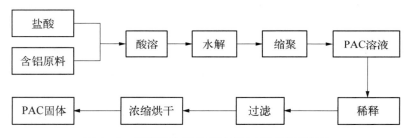

图 1-1 用酸溶法制备 PAC 的工艺流程示意图

用酸溶法制备 PAC 所涉及的反应方程式如下。

含铝原料中的金属铝和氧化铝在盐酸中的溶出反应：

$$2Al + 6HCl + 12H_2O \longrightarrow 2[Al(OH_2)_6]Cl_3 + 3H_2(g) \tag{1.1}$$

$$Al_2O_3 + 6HCl + 9H_2O \longrightarrow 2[Al(OH_2)_6]Cl_3 \tag{1.2}$$

随着混合液 pH 升高，发生水解反应：

$$2[Al(OH_2)_6]Cl_3 \rightleftharpoons [Al(OH_2)_5(OH)]Cl_2 + HCl \tag{1.3}$$

$$[Al(OH_2)_5(OH)]Cl_2 \rightleftharpoons 2[Al(OH_2)_4(OH)_2]Cl + HCl \tag{1.4}$$

水解生成的盐酸继续和含铝原料反应,混合液 pH 继续升高,发生聚合反应:

$$[Al(OH_2)_5(OH)]Cl_2 \Longrightarrow [Al(OH_2)_8(OH)_2]Cl_4 + 2H_2O \tag{1.5}$$

$$[Al(OH_2)_4(OH)_2]Cl \Longrightarrow [Al(OH_2)_6(OH)_4]Cl_2 + 2H_2O \tag{1.6}$$

1.2　聚铝废渣的处理处置与资源化利用

1.2.1　聚铝废渣的来源与危害

国内常用的方法是利用铝矾土与铝酸钙粉酸溶两步法制备聚合氯化铝。在一定条件下,使用铝矾土和铝酸钙粉与盐酸进行反应,得到 PAC 母液,剩余无法进行酸溶的固体废弃物即为 PAC 生产过程中产生的废渣,因为废渣中残留少量的聚铝,所以也被称为聚铝废渣(polyaluminium chloride slag, PACS)。不仅 PAC 生产行业会产生聚铝废渣,其他聚合氯化铝铁和氧化铝等生产行业同样会产生类似的废渣[6]。这种废渣呈黏稠状,具有弱酸性,其主要成分有 Al_2O_3、SiO_2 和 CaO 等。据统计,在使用铝酸钙粉为原料生产 PAC 的过程中会产生至少 15%(以绝干计)的压滤残渣 PACS。

目前,按来源,聚铝废渣可分为两类:第一类,以活性高岭土、三水铝石、铝酸钙粉为原料生产 PAC 产生的废渣;第二类,以氢氧化铝和铝酸钙粉为原料生产 PAC 产生的废渣[6]。

传统的聚铝废渣处理处置方式以干堆积法为主,该方法主要适用于气候干旱的地区。随后,其应用范围扩展至人工湖泊的堤坝建设的辅助材料[7],然而,在气候较为湿润的国家,比如,法国、英国、德国和日本等,废渣残留物有时被直接排放到海洋中[8]。聚铝废渣长时间堆放,会导致其残留的 Ca^{2+}、Mg^{2+} 等金属离子在土壤中富集,经过雨水等冲刷后会流入河流、小溪、农田等水体中,从而对动植物、人体造成一定的损害,以及对自然环境造成严重危害。现阶段,国内外对于聚铝废渣的主要处理方式是卫生填埋,不仅处理成本高,且聚铝废渣的长时间堆放还可能使其中的重金属组分进入渗滤液中,从而造成二次污染。

1.2.2　聚铝废渣处理处置与资源化利用的途径

一般地,聚铝废渣可:作为矿山、垃圾填埋场等场地的填充材料;提取稀土金属和铝铁凝结剂作为生产原料;进行改造以用作建筑材料、无机化学品、吸附剂等物质;在农业中作为微肥(微量元素肥料)和农药的中和剂,改善土壤结构[8]。

许多学者正致力于对聚铝废渣进行回收、再次利用。Binnemans 等[9]提到大多数聚铝废渣经过热解/湿法冶金处理后,可从中回收相应的铁铝及部分稀有金属钪。聚铝废渣中含有大量的 β-2CaO·SiO_2,其是建筑材料中常用的凝胶剂。Feng 等[10]解释了聚铝废渣中有效组分的热活化机制,并利用聚铝废渣(比重为 50%)与其他固体废物和改性剂的混合物制备水泥。Clifton 等[11]用阴、阳离子表面活性剂降低聚铝废渣悬浮液的黏度,以便于后续处理。Kehagia[12]成功地将利用拜尔工艺生产氧化铝产生的聚铝废渣,用于填埋场的道路建设,并得到了优异的性能。Ramesh 等[13]利用氧化铝工业的废弃物,在实验条件下去除硫化氢气体,并通过表征表明其中物质可转化为硫化铁。Tripathy 等[14]采用火法/湿法冶金技术回收铝渣中的氧化铝,氧化铝浸出率约为 90%。Meshram 等[15]利用有机溶剂沉淀法从白铝渣中生产斜钠明矾,斜钠明矾可作为絮凝剂,使水体的 pH 变化小。刘晓红等[16]选用聚铝废渣制备聚硅酸铝铁,并将聚硅酸铝铁作为处理造纸废水的絮凝剂,当反应温度为 80 ℃,反应时间为 20 min 时,铝浸取率大于 95%,当投加量为 400 mg/L 时,造纸废水脱色率可达到 92%,COD 去除率为 68%。张汉杰[17]制定了一套工艺操作,即选用工业聚铝废渣经过常压反应、聚合反应、精制、干燥制备 PAC。台明青等[18]选用生产胶片的过程中产生的聚铝废渣制备 PAC,解决了废渣的污染现象,经济环保。Wu 等[19]采用聚铝废渣、黏土和滑石粉为原材料制备董青石,成品结构与单晶相同,属六方晶系。张洪等[20]选用聚铝废渣和副产物硫酸制备聚合硫酸铝,制得的聚合硫酸铝水解能力较强,可添加稳定剂提高其稳定性,实现变废为宝。张亚峰等[21]利用聚铝废渣和废玻璃自制沸石,处理水中的 Ca^{2+},当 pH 为 6～8,沸石投加量为 20 g/L,反应时间为 1 h 时,对 Ca^{2+} 的吸附量为 16 mg/g。Zhang 等[22]采用聚铝废渣作为新型骨架助剂,联合芬顿试剂处理污泥,其作用机理为:松散或紧密的胞外聚合物降解成溶解性有机物,结合水被释放并转化为游离水,处理后的污泥形态与原始污泥的致密结构相比,呈现多孔结构,有效地提高了污泥的脱水性能。

化工行业标准《水处理剂聚铝废渣资源化处理技术规范》(HG/T 5961—2021)[6]建议,聚铝废渣资源化处理宜采用"聚合氯化铝生产企业预处理＋接收单位资源化转化"的处理工艺。生产企业根据聚铝废渣的资源化用途,选择如图 1-2 所示的预处理方式。具有氢氧化铝生产线的聚合氯化铝生产企业,可对聚铝废渣(Ⅱ类)进行资源化处理后,用作含铝原料。

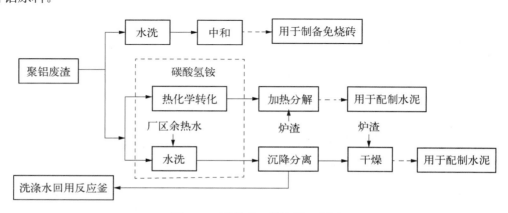

图 1-2　预处理工艺流程示意图

预处理过程主要包括中和与除氨工序。对聚铝废渣进行水洗,中和至 pH 大于 6.0 后,集中留存,待制备免烧砖等资源化处理,洗出液回用于生产过程。聚铝废渣经多次水洗后,洗出液回用于生产过程。将水洗后的渣饼加入生石灰,进行除氯,或者将水洗后的渣饼与碳酸氢铵混合,在 350 ℃下加热分解,进行除氯。除氯后,加入一定量炉渣等原料,混合均匀,检测氯离子含量。满足氯离子含量小于 1%后,集中留存,待配制水泥等资源化处理。

资源化处理的方法主要有制备免烧砖、配制水泥、制备氢氧化铝等。

制备免烧砖。经预处理的聚铝废渣与水泥、级配碎石、中粗砂、细砂和细石粉,按照一定的比例,经分料机配送至搅拌机中,加水,经充分搅拌混合后,送入制砖机,经振动压制成型,再经标准养护后,即得到成品。具体工艺流程,如图 1-3 所示。

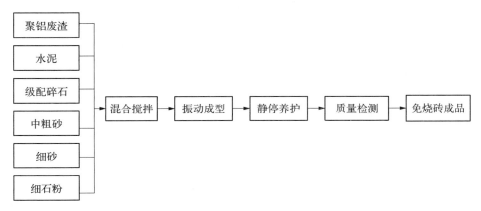

图 1-3　制备免烧砖的工艺流程示意图

配制水泥。将水泥生料如石灰石、砂岩、页岩、含铁渣等按一定比例混合、粉碎,经旋风选粉后,送至回转窑,烧制得熟料。将水泥熟料与经预处理的聚铝废渣混合,经粉磨后,与石膏混匀,制得水泥产品。

制备氢氧化铝。具有氢氧化铝生产线的聚氯化铝生产企业产生的聚铝废渣(Ⅱ类),与活性高岭土、生石灰和碳酸钠按一定比例混合、粉碎,在 1 300 ℃高温下烧结制得铝酸钠溶液,经降温处理后,加入氢氧化钠作为晶种,长时间搅拌,铝酸钠分解析出氢氧化铝,可回用于生产聚氯化铝成品过程。具体工艺流程,如图 1-4 所示。

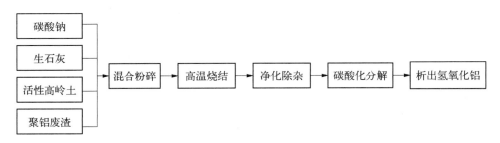

图 1-4　制备氢氧化铝的工艺流程示意图

综上所述,聚铝废渣大多数的处理方式为：作为建筑材料或是生产 PAC 的原材料；从铝渣中提炼氧化铝等有用物质；将铝渣与其他材料进行合成改造,用于污泥脱水、造纸废水、含钙废水等处理,但较少有涉及重金属和含染料废水等处理的报道。

1.3　聚铝废渣资源化利用途径的可行性

1.3.1　废渣调理污泥的可行性

研究证明,机械脱水技术可以将污泥中的表面吸附水和毛细水转化成为间隙水,从而提高污泥脱水效果。但是,由于剩余污泥中有机物含量较高,高压强挤压下污泥内部的排水通道容易被强机械压力挤压,会导致排水通道阻塞、坍塌甚至封闭,以致污泥内部重新转化的间隙水难以通过排水通道挤压出污泥外部,因此难以有效地进行深度脱水[23,24]。利用固体废渣颗粒作为剩余污泥饼中排水通道的骨架支撑,可在一定程度上使排水通道维持通畅,从而提高污泥深度脱水的效果,同时利用固体废渣作为污泥调理剂,能够在一定程度上降低污泥的黏度,有利于污泥脱水[25]。

许多学者利用固体废渣对污泥进行调理,以提高脱水性能,比如,利用粉煤灰[26,27]、石灰[28,29]、锯末[30]、农用秸秆[31]、石膏[32,33]、赤泥[34]、褐煤[35,36]、稻壳炭[37]等。Chen 等[38]用硫酸对粉煤灰进行改性后,用于污泥调理,结果显示,最佳改性条件下,粉煤灰表面积相应增加,最佳投加量为 273% 时,含水率可降至 56.52%。刘强等[39]用粉煤灰和生石灰制备复合调理剂,对市政污泥进行深度脱水,结果显示,在 100 g 含水率为 80% 的污泥中,投入 10 g 粉煤灰与 3 g 生石灰时,污泥含水率可降至 60% 左右,且污泥脱水速率有显著的提高。Liu 等[40]通过对比石灰与锯末对污泥的调理效果发现,锯末可大大降低含水率(66.4%),泥饼通过自然空气干燥 36 d 后,锯末调理泥饼的含水率可降至 31.6%,热值达 2 239 kcal/kg,该泥饼可用于焚烧处理。向制革污泥中加入焚烧炉渣进行调理,通过扫描电子显微镜(scanning electron microscope, SEM)图和压汞法(mercury intrusion porosimetry,MIP)测试证明,加入焚烧炉渣后泥饼中的孔隙率增加,进一步提高了污泥的脱水性能[41]。

通过碱改性可增大材料本身的比表面积,且不易造成材料中主要官能团的流失。我们课题组在采用酸/碱改性聚铝废渣处理污泥研究中发现,与采用硫酸进行改性相比,采用氢氧化钙进行改性得到的改性聚铝废渣的表面更粗糙,比表面积更大,对污泥的吸附性能也有所提高,污泥沉降比可从原来的 88% 降至 40%[42,43]。

1.3.2　废渣对水体中重金属和染料去除的可行性分析

钙基矿物水解易产生氢氧根,其与重金属镍可发生络合反应,且 Ca^{2+} 和 Ni^{2+} 间易发生阳离子交换作用。袁峥等[44]通过选用各类工业废渣来探究其在去除重金属中的作用时发现,含有磁铁矿和钙基矿物的钢渣对 Ni^{2+} 去除效果最佳。Malkoc 等[45]选用填充茶渣的固定床色谱柱来处理含镍废水,茶渣中羟基是金属离子的有效结合位点,通过配位形成稳定络合物,可有效除去水体中的 Ni^{2+}。Peng 等[46]利用电镀污泥废料从实际电镀废水中吸附镍,其表面羟基、羧基和 Ca^{2+} 参与吸附反应,其中羟基对 Ni^{2+} 的吸附有更大的贡献,镍的吸附量随着吸附剂表面 Ca^{2+} 释放量的增加而增加。

聚铝废渣主要由铁、铝氧化物和钙基矿物等组成。铁、铝氧化物作为友好型修复环境材料,本身对重金属吸附效果较好。某些聚铝废渣组分中含有 Fe^{2+},连丽丽等[47]在采用改性磁性硅藻土处理刚果红(congo red,CR)染料废水的研究中得出,硅藻土中的 Fe^{2+} 即便在碱性条件下,仍对 CR 染料有较强的吸附性。Shojaeipoor 等[48]制备了新型的基于离子液体的纳米多孔有机二氧化硅负载的丙胺,作为高效吸附剂,从水溶液中去除 CR,其表面所含羟基对阴离子 CR 染料具有出色的吸附能力,当 pH 为 4,反应时间为 30 min 时,最大吸附容量为 43.1 mg/g。Naik 等[49]选用翡翠股贻贝来处理 CR 废水,当 pH 为 5.5,反应时间为 30 min 时,吸附容量为 22 g/L,CR 去除率为 98%,其中羟基、羧基、酰胺和羰基是吸附 CR 染料的主要基团。李音等[50]采用水热法在较低温度下制得竹生物炭,并用来处理 CR 染料废水,研究发现,利用氢氧化物浸渍吸附剂能防止吸附剂中官能团流失,并提高其对 CR 的吸附量。

综上所述,采用氢氧化钙对聚铝废渣进行改性的优势有以下几点:① 可增大聚铝废渣的比表面积,使表面更粗糙,聚铝废渣本身溶出更多硅和钙,与 Ni^{2+} 产生共沉淀和离子交换作用;改性后聚铝废渣表面吸附位点增多,如 Fe^{2+} 增多,有助于其与 CR 的配位作用,从而提高对 CR 的去除效果。② 原聚铝废渣本身含有钙基矿物,氢氧化钙的加入,可在一定程度上使 Ca^{2+} 和氢氧根含量增多,更有助于与 Ni^{2+} 产生离子交换作用和发生络合反应。③ 氢氧化钙的加入,可适当地使偏酸性原聚铝废渣的 pH 有所升高,避免偏酸性原聚铝废渣的投加破坏水体环境。④ 采用氢氧化钙饱和溶液对原聚铝废渣进行改性,氢氧化钙水溶性为 1.65 g/L,氢氧化钙真实投加量不高。相较于其他氢氧化物,在工业使用中,氢氧化钙价格低廉、腐蚀性小。我们课题组利用改性聚铝废渣对含镍废水[51-53]、含铬废水[54]、含磷废水[55]、染料废水[56,57]等进行处理,得到了较为满意的处理效果。

主要参考文献

[1]　李润生.碱式氯化铝[M].北京:中国建筑工业出版社,1981.

[2]　国家市场监督管理总局、中国国家标准化管理委员会.生活饮用水用聚氯化铝:GB 15892—2020 [S].北京:中国标准出版社,2020.

[3]　国家市场监督管理总局、中国国家标准化管理委员会.水处理剂 聚氯化铝:GB/T 22627—2022 [S].北京:中国标准出版社,2022.

[4]　郑怀礼,高亚丽,蔡璐微,等.聚合氯化铝混凝剂研究与发展状况[J].无机盐工业,2015,47(2):

1－5.

[5] 杜凯峰,汪兴兴,倪红军,等.以含铝资源制备聚合氯化铝及其工艺研究进展[J].现代化工,2018, 38(8):48－53.

[6] 工业和信息化部.水处理剂聚氯化铝废渣资源化处理技术规范:HG/T 5961—2021[S].北京:化学工业出版社,2021.

[7] Yang J, Zhang D, Hou J, et al. Preparation of glass-ceramics from red mud in the aluminium industries [J]. Ceramics International, 2008, 34(1):125－130.

[8] Paramguru R K, Rath P C, Misra V N. Trends in red mud utilization-a review[J]. Mineral Processing and Extractive Metallurgy Review, 2004, 26(1):1－29.

[9] Binnemans K, Jones P T, Blanpain B, et al. Towards zero-waste valorisation of rare-earth-containing industrial process residues:a critical review[J]. Journal of Cleaner Production, 2015, 99:17－38.

[10] Feng X, Liu X, Sun H, et al. Study on the high use ratio of red mud in cementitious material[J]. Multipurpose Utilization of Mineral Resources, 2007,4:35－38.

[11] Clifton M., Nguyen T, Frost R. Effect of ionic surfactants on bauxite residues suspensions viscosity[J]. Journal of Colloid and Interface Science, 2007, 307(2):572－577.

[12] Kehagia F. A successful pilot project demonstrating the re-use potential of bauxite residue in embankment construction[J]. Resources Conservation and Recycling, 2010, 54(7):417－421.

[13] Sahu R C, Patel R, Ray B C. Removal of hydrogen sulfide using red mud at ambient conditions [J]. Fuel Processing Technology, 2011, 92(8):1587－1592.

[14] Tripathy A K, Mahalik S, Sarangi C K, et al. A pyro-hydrometallurgical process for the recovery of alumina from waste aluminium dross[J]. Minerals Engineering, 2019, 137:181－186.

[15] Meshram A, Gautam D, Jain A, et al. Employing organic solvent precipitation to produce tamarugite from white aluminium dross[J]. Journal of Cleaner Production, 2019, 231:835－845.

[16] 刘晓红,荀开昺,杨方麒,等.聚铝废渣制备聚硅酸铝铁絮凝剂处理造纸废水[J].无机盐工业, 2016,48(3):63－65.

[17] 张汉杰.利用工业聚铝废渣生产高效水处理剂聚合氯化铝[J].能源化工,2006,27(3):37－38.

[18] 台明青,杨勇,唐建力,等.用胶片生产中的聚铝废渣生产高效净水剂聚合氯化铝的研究[J].环境工程,2003,21(5):76－77.

[19] Wu R, Ruan Y, Yu Y. Characterization of cordierite synthesized from aluminum waste slag[J]. Journal of Synthetic Crystals, 2007, 36(5):1091－1095.

[20] 张洪,王明勇,丘关南,等.用工业废铝渣和废酸制备聚合硫酸铝的研究[J].轻工科技,2017,(3): 93－94.

[21] 张亚峰,安路阳,尚书,等.废玻璃/铝渣人工沸石对水 Ca^{2+} 的吸附[J].环境工程学报,2019,13(1): 49－61.

[22] Zhang H, Yang J, Yu W, et al. Mechanism of red mud combined with Fenton's reagent in sewage sludge conditioning[J]. Water Research, 2014, 59:239－247.

[23] Collard M, Teychené B, Lemée L. Comparison of three different wastewater sludge and their respective drying processes:solar, thermal and reed beds-impact on organic matter characteristics [J]. Journal of Environmental Management, 2017,203(2):760－767.

[24] Li X W, Dai X H, Junichi T, et al. New insight into chemical changes of dissolved organic matter during anaerobic digestion of dewatered sewage sludge using EEM-PARAFAC and two-

dimensional FTIR correlation spectroscopy[J]. Bioresource Technology, 2014, 159: 412 - 420.

[25] Zhang X, Kang H, Zhang Q, et al. The porous structure effects of skeleton builders in sustainable sludge dewatering process[J]. Journal of Environmental Management, 2019, 230: 14 - 20.

[26] Cieslik B M, Namiesnik J, Konieczka P. Review of sewage sludge management: standards, regulations and analytical methods[J]. Journal of Cleaner Production, 2015, 90: 1 - 15.

[27] Chen C, Zhang P, Zeng G, et al. Sewage sludge conditioning with coal fly ash modified by sulfuric acid[J]. Chemical Engineering Journal, 2010, 158(3): 616 - 622.

[28] Zall J, Galil N, Rehbun M. Skeleton builders for conditioning oily sludge[J]. Journal - Water Pollution Control Federation, 1987, 59(7): 699 - 706.

[29] Hu D, Zhou Z, Niu T, et al. Co-treatment of reject water from sludge dewatering and supernatant from sludge lime stabilization process for nutrient removal: a cost-effective approach [J]. Separation and Purification Technology, 2017, 172: 357 - 365.

[30] Deng W Y, Yuan M H, Mei J, et al. Effect of calcium oxide (CaO) and sawdust on adhesion and cohesion characteristics of sewage sludge under agitated and non-agitated drying conditions[J]. Water Research, 2017, 110: 150 - 160.

[31] Guo S, Qu F, Ding A, et al. Effects of agricultural waste based conditioner on ultrasonic-aided activated sludge dewatering[J]. Rsc Advances, 2015, 5(54): 43065 - 43073.

[32] Nittami T, Uematsu K, Nabatame R, et al. Effect of compressibility of synthetic fibers as conditioning materials on dewatering of activated sludge[J]. Chemical Engineering Journal, 2015, 268: 86 - 91.

[33] Zhao Y Q. Enhancement of alum sludge dewatering capacity by using gypsum as skeleton builder [J]. Colloids and Surfaces A: Physicochemical and Engineering Aspects, 2002, 211(2 - 3): 205 - 212.

[34] Zhang H, Yang J, Yu W, et al. Mechanism of red mud combined with Fenton\\"s reagent in sewage sludge conditioning[J]. Water Research, 2014, 59: 239 - 247.

[35] Hoadley A F A, Qi Y, Nguyen T, et al. A field study of lignite as a drying aid in the superheated steam drying of anaerobically digested sludge[J]. Water Research, 2015, 82: 58 - 65.

[36] Thapa K B, Qi Y, Clayton S A, et al. Lignite aided dewatering of digested sewage sludge[J]. Water Research, 2009, 43(3): 623 - 634.

[37] Wu Y, Zhang P, Zhang H, et al. Possibility of sludge conditioning and dewatering with rice husk biochar modified by ferric chloride[J]. Bioresource Technology, 2016, 205: 258 - 263.

[38] Chen C, Zhang P, Zeng G, et al. Sewage sludge conditioning with coal fly ash modified by sulfuric acid[J]. Chemical Engineering Journal, 2010, 158(3): 616 - 622.

[39] 刘强,陈晓欢,傅金祥,等.粉煤灰与生石灰复合调理剂对市政污泥深度脱水性能的影响[J].环境工程学报,2015,9(7): 3468 - 3472.

[40] Liu H, Xiao H, Fu B, et al. Feasibility of sludge deep-dewatering with sawdust conditioning for incineration disposal without energy input [J]. Chemical Engineering Journal, 2017, 313: 655 - 662.

[41] Ning X A, Luo H J, Liang X J, et al. Effects of tannery sludge incineration slag pretreatment on sludge dewaterability[J]. Chemical Engineering Journal, 2013, 221: 1 - 7.

[42] 李晴淘,张淳之,周吉峙,等.改性聚铝废渣对污泥脱水性能的影响[J].工业水处理,2019,39(12): 79 - 81.

[43] 韩晓刚,闵建军,李祖兵,等.响应曲面法优化改性聚合氯化铝废渣用于污泥脱水[J].环保科技,2019,25(4):6-11.

[44] 袁峥,Douglas G,Wendling L,等.钢铁、钛和铝工业废渣在去除水中重金属和酸性中的作用[J].南昌大学学报(工科版),2010,32(2):70-74.

[45] Malkoc E,Nuhoglu Y. Removal of Ni(II) ions from aqueous solutions using waste of tea factory: adsorption on a fixed-bed column[J]. Journal of Hazardous Materials, 2006, 135(1-3): 328-336.

[46] Peng G L, Deng S B, Liu F L, et al. Superhigh adsorption of nickel from electroplating wastewater by raw and calcined electroplating sludge waste[J]. Journal of Cleaner Production, 2020, 246: 1-8.

[47] 连丽丽,吕进义,修超,等.磁性硅藻土的制备及其对刚果红的吸附[J].吉林化工学院学报,2018,35(7):82-85.

[48] Shojaeipoor F, Elhamifar D, Elhamifar D, et al. Ionic liquid based nanoporous organosilica supported propylamine as highly efficient adsorbent for removal of congo red from aqueous solution[J]. Arabian Journal of Chemistry, 2016, 12: 4171-4181.

[49] Naik A A, Selvaraj V, Krishnan H. Removal of Congo red from aqueous solution using 'perna viridis': kinetic study and modeling using artificial neural network[J]. Arabian Journal for Science and Engineering, 2019, 44: 9925-9937.

[50] 李音,单胜道,杨瑞芹,等.低温水热法制备竹生物炭及其对有机物的吸附性能[J].农业工程学报,2016,32(24):240-246.

[51] 韩晓刚,穆金鑫,顾玲玲,等.改性含铝废渣对废水中镍的吸附机理和动力学影响[J].电镀与精饰,2023,45(2):14-19.

[52] 韩晓刚,蔡建刚,穆金鑫,等.改性聚氯化铝残渣吸附剂制备及其对镍吸附性能[J].电镀与精饰,2022,44(12):80-87.

[53] 韩晓刚,穆金鑫,蔡建刚,等.改性含铝废渣对水中重金属镍的吸附行为[J].工业水处理,2022,42(10):146-153.

[54] 韩晓刚,顾一飞,闵建军,等.聚氯化铝残渣制备水化氯铝酸钙及其对六价铬的吸附[J].电镀与涂饰,2021,40(04):308-312

[55] 韩晓刚,刘转年,陆亭伊,等.改性聚氯化铝残渣吸附剂制备及其除磷性能[J].无机盐工业,2019,51(4):59-62.

[56] 韩晓刚,闵建军,顾一飞,等.聚氯化铝残渣制备 CaFeAl-LDO 及其对甲基橙的吸附[J].无机盐工业,2021,53(10):81-85.

[57] 韩晓刚,刘转年,陆亭伊,等.改性聚氯化铝残渣吸附剂的制备及对亚甲基蓝的吸附[J].印染助剂,2019,36(6):21-24.

第 2 章
不同聚铝废渣实现污泥调理的条件优化与分析

随着我国城市化水平的不断提高,大量人口涌入城市,城市污水处理处置行业也因此迅速发展,与此同时剩余污泥作为城市污水处理的副产物,被认为是水污染治理过程中产生二次污染的重要来源。根据《2022 中国生态环境状况公报》公布的相关数据:全国城市生活污水处理总量为 625.8 亿立方米[1],若按污泥体积约占处理水量的 0.3%～0.5% 计算,则产生的剩余污泥(含水率为 80%)约为 0.5 亿立方米。目前,污泥体积的快速增长也已成为备受关注的环境问题之一。然而,有关报道显示,污泥最终能被合理安全处置的比例不超过 20%,超过 80% 的污泥将可能会对人类健康和环境安全产生潜在的威胁[2,3]。

在传统污水处理工艺中,在一定意义上使用生物法处理废水是将水体中的污染物转移至污泥中,然而大量污水处理厂污泥处理处置单元并不完善,这使得污泥无害化处理处置成为我国水污染控制领域中的一个较为薄弱的环节。近年来,对污泥处理处置技术的研究不断深入,此外,根据国家"水十条"的明确要求,至 2020 年底,地级市及以上城市的污泥无害化处理处置率必须达到 90% 以上[4]。这一目标对我国而言,虽然极具挑战性,但却是必须达成的紧迫任务。

2.1 污泥概况

2.1.1 污泥的来源及危害

活性污泥法是一种利用微生物对废水中的营养元素(如碳、氮、磷)进行降解,以达到水体净化目的的处理技术。微生物利用营养元素进行同化作用,可使其大量增殖,但生化池中污泥浓度过高时,将会影响污水的处理效果,因此使用活性污泥法进行污水处理时,会定期将污泥排出系统,这部分污泥被称为剩余污泥[5]。剩余污泥为黄褐色,外观呈絮状,带有土腥味,其含水率在 98.5%～99.5% 之间,pH 在 6～8 之间。剩余污泥中除了含有大量的水,还存在生物质[6]、细菌[7]、病毒[8]及重金属[9]等有毒有害物质[10,11]。不同污水处理厂的剩余污泥中有害物质的组成不同,比如,城市生活污水处理厂产生的污泥中含有细菌、寄生虫及病毒[12]等,工业废水处理厂产生的污泥中含有重金属、化学物质等工业源污染物[13,14]。剩余污泥若直接堆放不进行处理,经雨水浸淋后污泥中的营养元素、重金属及有毒化学物质将进入渗出液中,通过径流污染河流湖泊,通过下渗污染土壤及地下水,且长期堆放的污泥若不经处理,将会导致厌氧反应产生沼气及臭气,其无组织排放会污染大气环境。因此,及时对剩余污泥进行无害化处理,以减少二次污染显得尤为重要[15]。

从污泥浓缩池中排出时,剩余污泥中含有大量的水分,因体积过大且含水率过高而呈流态,不适宜运输、填埋或进行其他的处置。因此,对剩余污泥的处理处置,必须首先将其中的大部分水去除,脱水后的泥饼体积急剧缩小,更加适合运输、填埋或资源化利用。

2.1.2　污泥中的水分分布

污泥中的水分质量占总质量的比值称为含水率。通过污泥浓缩、调理和脱水等方法可使污泥中的固体和液体分离,从而降低污泥含水率,该过程称为污泥脱水。当污泥含水率极高(>90%)时,污泥呈现流态,不便于收集、运输及后期处理;流态污泥经脱水后,呈泥饼状(含水率<80%),此时便于收集与运输。在污泥脱水过程中,可利用不同的机械设备和工艺方法,对其进行外压脱水,以达到不同的含水率。比如,污水处理厂常用的高速离心脱水机可使污泥含水率降至60%~80%[16];板框压滤机压滤污泥,可使其含水率降至50%~60%[17]。随着污泥产量逐年攀升,年产污泥体积量也急剧增大,然而,目前在国内,污泥资源化回收利用的技术尚未成熟,急需提高污泥调理脱水的技术和资源回用的技术,使污泥体积总量减小,缓解污泥卫生填埋场的压力。

在20世纪60年代,Heukelekian等[18]对污泥中的水组分进行了分类,将其分为自由水和结合水两种。随着研究的深入,Tsang等[19]提出,根据污泥中固体颗粒与水分的接触方式,将污泥中的水分为四种:间隙水、毛细水、表面吸附水及内部结合水[20],如图2-1所示。

间隙水:污泥颗粒间游离态的水,由于不与污泥颗粒结合,因此较容易被分离,通过污泥浓缩可以较好地去除大部分的污泥间隙水。

毛细水:存在于污泥颗粒间紧密接触的缝隙中,其占污泥总含水量的

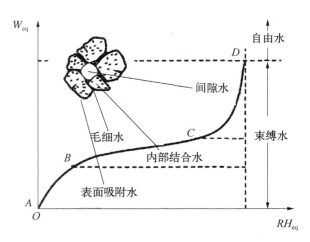

图2-1　污泥中的水分分布示意图及等温吸附线
(RH_{eq}为热动力学平衡时的相对湿度;W_{eq}为热动力学平衡时的水分含量)

20％左右,利用机械脱水的方法可使污泥毛细水得到较好的去除。

表面吸附水:通过污泥表面张力吸附在污泥颗粒表面的水分,可利用污泥调理剂对污泥进行电性中和作用,以达到分离污泥颗粒和表面吸附水的目的[21]。

内部结合水:存在于微生物细胞内部的水分称为细胞结合水,通过机械脱水无法较好地去除这部分水分,需要采用生物分解、热分解及冷冻等方法破坏微生物细胞膜,释放内部水。

2.1.3　污泥的处理处置

剩余污泥的成分可分为液相部分与固相部分,液相通常为水,是污泥体积中占比最大的部分;固相成分比较多元,可大致分为有机组分和无机组分。其中,有机组分包括形成污泥菌胶团的好氧/厌氧微生物菌群、丝状菌及微生物残留固体等,还有部分吸附的有机物(如水体中的蛋白质、糖类、脂肪及油脂等)、病原菌及寄生虫卵等;无机组分主要是泥砂及废水中的无机盐沉淀等物质[22]。

污泥处理技术,通常包括污泥脱水和稳定;污泥处置技术,通常包括填埋、堆肥、干化及热处理和资源利用。污水处理厂的污泥,通常经过浓缩、脱水、消化和卫生填埋,实现处理处置[23],也有部分污泥脱水后与城市固体垃圾混合,然后输送至焚烧厂中进行焚烧,但污泥热值不高且部分污泥在焚烧过程中可能会产生刺激性气味,所以该技术应用并不广泛。

1. 物理脱水技术

物理污泥脱水是通过向剩余污泥施加外加压力,使污泥中的水分与污泥颗粒分离,从而得到去除的技术,其主要分为两大类:污泥浓缩和机械脱水(见表 2.1)。污泥浓缩通常在剩余污泥浓缩池中完成,污水处理厂中污泥经过污泥浓缩池后通常会使用机械脱水使污泥体积进一步缩小[24-26]。

表 2.1　污泥物理脱水技术

原　　理	分　类	装　置	特　　　点
通过重力沉降使固液分离	污泥浓缩	污泥浓缩池	占地面积小,大量排出间隙水
外加高强度机械压力挤出污泥中的间隙水、表面吸附水和部分毛细水	机械脱水	真空脱水机	设备复杂、成本高
		高速离心脱水机	污泥含水率降至 60％～80％,可连续生产,大规模使用
		带式脱水机	污泥含水率降至 70％～80％,可连续生产
		板框压滤机	污泥含水率降至 50％～60％,间歇生产

（1）污泥浓缩

污泥浓缩去除的主要是污泥中的间隙水，二沉池污泥中含污泥间隙水的占比最高，通常会通过污泥浓缩池去除二沉池中分流出来的剩余污泥中的部分间隙水。常用的浓缩方法有重力浓缩、气浮浓缩[27]及离心浓缩[28]等。

（2）机械脱水

机械脱水是一种通过使用脱水机械设备，在过滤介质的两侧产生压力差，以此作为推动力，强制性地将污泥中的水分挤压脱除的技术方法，污泥中的固体物质被截留在过滤介质上形成泥饼。常见的机械脱水方法有压滤脱水法（板框压滤机）、真空脱水法（真空脱水机）及离心脱水法（高速离心脱水机）[29]。

真空脱水机通过在过滤介质一侧形成真空环境，利用介质两侧空气的压力差，推动污泥中的水分透过过滤介质而实现脱除。然而，鉴于其设备结构复杂、制造成本高且占地面积大的特点，目前在我国的应用范围较小。

离心脱水机则采用了不同的工作原理，它利用离心力代替过滤介质两侧的压力差进行推动，依据污泥颗粒与水的比重不同，强制性地将水与污泥进行分离[30]。尽管其结构较为复杂且能耗较高，但由于其能够连续生产，并能够将污泥的含水率普遍降至约80%，因此在大规模产泥的污水处理厂中得到了广泛应用。

带式脱水机与板框压滤机则是将污泥包裹在过滤介质中，然后施加机械压力，利用机械压力挤出污泥中所含水分，以达到污泥脱水。带式脱水机以其能够连续生产、占地面积小及维护成本较低等优点，在小型污水处理厂及污泥产量不高的自来水厂中得到了广泛应用。板框压滤机的主要优势在于其能够将脱水后污泥的含水率降低至45%～50%，因此也被视为污泥深度脱水的一种重要机械设备。然而，由于板框压滤机采用周期性作业方式，无法连续生产，并且在实际运用过程中需要人工铲除黏附于过滤介质上的污泥泥饼，这在一定程度上限制了其应用范围，使其在应用程度上不及高速离心脱水机。

2. 化学调理技术

化学调理技术被广泛应用于改善污泥的沉降性能与泥水间结合强度[31]。目前，常用的污泥调理剂主要分为有机调理剂、无机调理剂，以及包括表面活性剂、氧化剂在内的其他类型。

（1）有机调理剂

有机调理剂通过其高分子材料的吸附架桥作用，将污泥中的结合水转化成为自由水[32]，从而提升污泥的脱水潜能。由于投加量小且效果显著，有机调理剂得到了广泛应用。有机调理剂可分为天然和人工合成两类。其中，人工合成有机调理剂相较于天然调理剂，具有更强的絮凝能力、更少的用量以及相对低廉的成本等特点。研究表明，多种调理剂联合作用的效果显著高于单一絮凝剂。例如，李澜等[33]采用壳聚糖和硅藻土对剩余污泥进行联合调理，结果显示，在投加量为0.5 g/g硅藻土和5 mg/g壳聚糖的条件下，污泥调理后比阻下降了 95.43%,污泥脱水率上升了 91.02%,含水率降至 83.13%。Huang 等[34]的研究则表明,聚丙烯酰胺(polyacrylamide,PAM)与蒙脱土(montmorillonite, MMT)的复合调理可以显著提升污泥的脱水性能,但含水率的降低幅度并不显著。

（2）无机调理剂

无机调理剂主要以铝系和铁系盐的高分子聚合物为主[35]。这些无机盐类进入水体后,产生带正电的水解产物,中和污泥表面的负电荷,通过压缩双电层等作用使污泥胶体脱稳,从而提高污泥的沉降性能与脱水性能。无机铁/铝盐类的高分子聚合物在形成絮体的过程中,不仅中和污泥颗粒表面的电荷,还能通过与污泥颗粒的相互碰撞形成更大的絮体,加速污泥沉降。与有机调理剂相似,混合无机混凝剂的效果普遍优于单一混凝剂。例如,Zhang 等[36]的研究发现,向污泥中添加 Fe_2O_3 纳米颗粒作为固体助剂,可有效提高絮凝剂的强度及絮凝后污泥的脱水效果。此外,含碱度 0.5 的钛盐混凝剂和 Fe_2O_3 纳米颗粒的联用,可进一步提升污泥的脱水效果。Yan 等[37]在水热条件下,向剩余污泥中加入 $Ca(OH)_2$ 和 $FeCl_3$ 等无机调理剂,发现在水热前添加 $FeCl_3$ 可使污泥抽滤脱水后的含水率降低至 51%。

3. 干化及消化

污泥干化技术主要分为自然干化与加热干化两大类别。自然干化,即将污泥置于通风良好的露天平台上,借助自然光照与风干作用等,促使污泥内部水分通过蒸发方式逐步脱除。此法虽操作简便,但存在显著弊端,包括占地面积大、处理效率低,以及可能因水分蒸发产生刺激性气味,进而对生产环境造成污染。相比之下,污泥加热干化则通过外部热源对污泥进行加热处理,加速其内部水分蒸发,同时能有效杀灭污泥中的部分病原体与病毒,并破坏污泥细胞膜,实现结合水的有效去除。在最佳情况下,加热干化可将污泥含水率降低至 10%。然而,该方法同样面临投资成本高、能耗大、处理效率低以及可能产生大量刺激性气味等挑战,因此其推广应用受到一定限制。

污泥消化,其核心在于利用污泥体系中的厌氧微生物,在无氧的条件下对污泥中的有机物进行降解,最终生成沼气。沼气成分以甲烷(占比 60%～70%)及二氧化碳(占比 30%～40%)为主,同时含有微量的氢气、硫化氢等气体,其热值范围约为 13～21 MJ/kg[38]。经过净化提纯后的沼气,可直接进入燃气管网或用于燃气发动机,为污水处理厂带来显著的经济效益,据估算,充分利用剩余污泥产生的沼气,可为其节省约 50% 的运营成本[39]。此外,污泥厌氧消化过程还能有效减少污泥中的有机物含量,并灭活污泥中的细菌和病原微生物,为后续污泥沼渣的脱水、无害化处理及资源化利用奠定坚实基础[40]。在污泥厌氧消化研究领域,学者们不断探索以提高甲烷产率。例如,Nges 等[41]采用总容积为 2.5 L 的连续搅拌反应器(continuous stirred tank reactor,CSTR),在 50 ℃ 条件下对剩余污泥进行厌氧消化,发现增加反应器有机负荷可显著提高单位体积的甲烷产率,其甲烷产率可达到 314～348 mL CH_4/g VS,并在中高温条件下显著缩短固体停留时间(从 35 d 缩短至 12 d)。Ding 等[42]利用 160 mL 气密厌氧瓶对二级污泥进行水解研究,在 42 ℃与 55 ℃条件下对其进行 3 d 的水解,结果显示,添加 BH 水解酶可显著提升甲烷产率。Dai 等[43]利用体积为 1 L 的间歇式反应器对剩余污泥与生黑麦草进行共消化研究,发现两者共消化能显著提高甲烷产率,最大产甲烷率为 310 mL/gVS。尽管学者们对污泥厌氧消化寄予厚望,视剩余污泥为"放错地方的资源",但污泥中微生物的组成复杂,加之微生物细胞破壁难等,使得当前技术条件下污泥难以应用于工业产沼气。此外,产生的沼气中含有硫化氢等难以去除的气体,导致未经净化的沼气无法直接使用。

4. 污泥处置

污泥经过脱水、干化或者消化处理后,其含水率相对较低,但仍残留有细菌及重金属等有害物质,因此对其进行无害化处置是必要的。目前,污泥的处置方式主要包括农业应用、卫生填埋、堆肥及焚烧等多种途径[44]。

(1)卫生填埋

作为我国污泥处置的主要手段,卫生填埋以其低廉的运行成本和简便的操作流程而广受欢迎。然而,随着城市化进程的加速和污泥产量的激增,填埋场的承载压力日益加大,多数填埋场难以长期承受如此高体量的污泥填埋量。此外,新建填埋场需要占用大量土地资源,所以未来对污泥填埋的监管将更为严格,首要任务是严格控制污泥的含水率。我国已出台相关标准,如《城镇污水处理厂污泥处置 混合填埋用泥质》及《生活垃圾填埋场污染控制标准》(GB 16889—2008),明确规定污泥需经脱水处理至含水率低于 60%,方可进入生活垃圾填埋场进行填埋处理。同时,国际经验也显示,如德国、美国等发达国家已对污泥填埋提出更为严格的限制[45]。

(2)焚烧

焚烧技术以其占地面积小、处理稳定无害[46]且能将剩余污泥转化成能源与燃料的优势,在污泥产量激增的背景下备受瞩目[47,48]。在西方国家,污泥焚烧已成为一种颇具吸引力的处置方式,多个国家的污泥焚烧比例均达到较高水平,比如,丹麦的污泥焚烧量占其污泥总量的 24%,法国为 20%,比利时为 15%,德国为 14%,美国为 25%,而日本的污泥焚烧占比已达 55%[49,50]。我国污泥焚烧处理的比例也在逐年上升,据报道,2014 年我国污泥焚烧处置方式的市场占比为 2%~3%[51]。

污泥热值不高,在焚烧之前需要尽可能地去除污泥中的水分,所以污泥焚烧对含水率有较高要求,一般要求含水率低于 40%且需要补充大量燃料以维持燃烧稳定性[52]。污泥焚烧方法也有一些缺点,焚烧过程中重金属等污染物可能转移至焚烧飞灰中,产生二次污染物,且焚烧飞灰的再处置也将产生额外的费用[53]。

(3)堆肥及农业应用

污泥堆肥是指在一定条件下,通过微生物作用使其中的有机物被不断降解和稳定,同时产出一种可用于土地利用的土壤改良剂,污泥堆肥后可用于农田,增加其中有机质含量、改善土壤结构并减少化学肥料的使用[54]。堆肥方法包括好氧堆肥和厌氧堆肥两种，好氧堆肥是在氧气或空气参与的情况下，好氧微生物对污泥中有机物的分解过程，其产物主要是二氧化碳、水和热；厌氧堆肥是在无氧条件下分解有机物，其产物主要是甲烷与二氧化碳等，厌氧堆肥相比好氧堆肥，更容易产生臭气及其他形式的空气污染。因此，好氧堆肥的应用范围更广。

　　污泥堆肥作为一种有效的污泥稳定化技术，其核心在于利用中高温（即温度超过45 ℃）环境促进堆肥过程的进行，该过程能够显著灭活污泥中的部分微生物。但是，污泥中除微生物外，还可能含有重金属、病毒等难以通过中高温完全杀灭的成分。因此，污泥堆肥技术成熟的应用通常局限于技术条件成熟且能够妥善处理这些难降解物质的区域。此外，为了确保环境安全和人体健康，污泥堆肥技术一般用于重金属含量较低、风险相对较小的剩余污泥处理场景。据调查，欧盟中 53% 的剩余污泥被用于污泥堆肥并随后应用于农业生产领域[44]。在国内，厌氧/好氧堆肥技术和土地利用已被广泛推荐为处理和处置污水污泥的首选方式。然而，由于污泥中微生物破膜破壁等难题，导致堆肥后产生的堆肥污泥质量较差。据 2013 年的统计数据显示，我国约有 2 600 家污泥处理厂，但只有约60 家工厂采用了厌氧消化工艺，且其中只有 10～30 家处于实际运行状态[55]。

表 2.2　污泥处理处置技术

工　艺	原　理	特　　点
卫生填埋	填埋	运行成本低，操作简单，但要求日趋严格，且占地面积大耗费土地资源
焚烧	干化污泥提供热能	占地面积小、稳定无害，作为燃料可产出能源，但污泥含水率要求高，且有飞灰
堆肥	微生物分解有机物	成熟的污泥资源化回用手段之一，但对污泥要求高，有重金属污染土壤的风险
资源化利用	—	污泥资源化利用的手段有堆肥、作为添加剂掺入砖块的烧结中等

2.2　实验材料和方法

2.2.1　实验材料

1. 污泥

　　本研究中使用的污泥样本，均取自上海市某污水处理厂二沉池的回流污泥。为最大限度地降低实验误差并确保实验结果的稳定性，污泥在取出池后的 2 h 内即被迅速运回实验室。将污泥样本经过均匀搅拌并静置沉降 30 min 后，倾去其上清液，分装后置于

4 ℃ 的冰箱中进行冷藏保存,所有相关实验均在一周内完成。

在实验前 1.5 h,取出污泥样本置于室外环境,待其温度恢复至室温后进行实验。此外,由于本研究实验周期较长,且污泥样本是分批次取得的,因此不同批次污泥的性质可能存在一定的差异,这导致在获得最佳脱水性能时,各项评估指标可能会略有差异。在研究单一条件对脱水性能的影响时,实验始终采用同批次的污泥样本,以确保实验条件的一致性,从而将这种差异对最终结论准确性的影响降至最低。

污泥样品的表观特征表现为一种具有流动性的固液混合物,其颜色为深褐色,并散发出一定的土腥味。从外观上看,该样品并无明显的颗粒感。当污泥样本静置 30 min 后,其上清液约占总体积的 20%。

表 2.3　实验所用污泥的基本特性

pH	含水率/%	悬浮物浓度/(g·L^{-1})	污泥沉降比/%
6.9～7.2	98.7～99.2	13.1	88～92

2. 聚铝废渣

在本项研究中,所采用的聚铝废渣(PACS)来自一家净水剂公司,通过铝酸钙粉酸溶两步法制备聚合氯化铝时产生的含铝废渣。出厂时,该废渣为固液混合物形态,呈流态,质地细腻无明显颗粒感。静置后,会形成密实的泥土状沉淀。为备用,将聚铝废渣置于 105 ℃ 条件下烘干,随后进行研磨与筛分处理,选取粒径小于 270 μm 的部分,密封储存于干燥皿中。

针对聚铝废渣的改性处理,分为酸性与碱性两种方案。酸改性聚铝废渣(acid modified polyaluminum chloride slag, AMPACS)的制备是将原聚铝废渣与一定浓度的硫酸按废渣∶酸＝2 g∶1 mL 的比例混合,混合均匀后,覆盖薄膜于 85 ℃ 条件下改性 2 h,揭膜后,在 105 ℃ 条件下,烘干、研磨及筛分后,置于干燥皿中备用。

碱改性聚铝废渣(basic modified polyaluminum chloride slag, BMPACS)的制备是将原聚铝废渣与一定浓度的氢氧化钙按废渣∶碱＝2 g∶1 mL 的比例混合,混合均匀后,覆盖薄膜置于 85 ℃ 条件下改性 3 h,揭膜后,在 105 ℃ 条件下,烘干、研磨及筛分后,置于干燥皿中备用。

对于上述三种聚铝废渣,均需经过烘干、研磨,并通过 200 目筛子进行筛分。选取颗粒粒径为 150 μm 的聚铝废渣样本,进行 X 射线衍射、X 射线荧光光谱分析和扫描电子显微镜等表征分析。

2.2.2　污泥调理方法

在污泥调理环节中,首先从 4 ℃ 冰箱中取出污泥,于室外回温到室温,混匀后,取

200 mL 污泥置于 250 mL 烧杯中，使用六联磁力搅拌机进行搅拌，同时根据实验设计，称取相应剂量的聚铝废渣（包括原聚铝废渣、酸改性聚铝废渣及碱改性聚铝废渣）加入污泥中。在调理过程中，首先以 200 r/min 的速率快速搅拌 1 min，随后降低至 50 r/min 慢速搅拌 5 min。搅拌完成后，倒出部分污泥（100 mL）进行污泥沉降比试验，其余部分则用于污泥毛细吸水时间与含水率的实验分析。

2.2.3　理化指标分析方法

pH 值测定：依据国家标准《水质　pH 值的测定　玻璃电极法》（GB/T 6920—86），采用 METTLER TOLEDO(FE20)型酸度计进行测量。

污泥沉降比（sludge settling velocity，SV）分析：将污泥混合液倒入 100 mL 量筒中至满刻度，静置 30 min。此时，固液分界线所示刻度与所取混合液体积之比即为污泥沉降比（%），该指标直观反映了污泥的沉降效果与污泥间隙水的脱水能力。

污泥毛细吸水时间（capillary sunction time，CST）测定：利用 DP96067 型毛细吸水时间测定仪进行实验。首先，把 CST 测试座插入 CST 测定仪中，并确保两个加液管保持干燥和清洁。随后，将滤纸从上插入测试座底部，并轻轻按压上盖使电极塞和滤纸接触，注意避免过大的压力损伤滤纸。根据实验需求，选择短加液管以实现污泥的快速过滤，或者选择长加液管进行慢速过滤。将加液管插入测试座后，旋转并轻轻按压以确保滤纸受力均匀。启动 CST 测定仪，并按下测试按键，确认计数器读数为零。随后，将污泥样本注入加液管，并读取仪器显示的测量结果。

含水率测定：将污泥置于真空抽滤装置中进行抽滤处理，直至泥饼表面出现真空裂纹或抽滤瓶内在 30 s 内无液体滴落。随后，将泥饼刮取并置于 SH10A 卤素水分测定仪的托盘上，在 105 ℃条件下烘干污泥直至达到质量恒定状态。此时，可直接从仪器上读取污泥的含水率数据。

化学需氧量（COD）测定：依据《水和废水监测分析方法（第四版）》中的相关规定进行化学需氧量的测定。

总磷（total phosphorus，TP）测定：依据《水和废水监测分析方法（第四版）》中的相关规定，对样本中的磷（总磷、溶解性磷酸盐和溶解性总磷）含量进行准确测定。

浊度测定：根据《水和废水监测分析方法（第四版）》中的浊度测定方法进行测定。

X 射线衍射（X-ray diffraction，XRD）：采用 D/max-2500 X 射线衍射仪对 PACS、AMPACS 和 BMPACS 等样品的物相组成和晶化程度进行分析。测试参数设定如下：CuKα 射线（$\lambda = 0.1789$ nm），管电压 40 kV，电流为 250 mA，采用不间断连续扫描方式进行数据采集。测角转速器以 8°/min 的转速运行，起始角度设为 5°，终止角度为 90°。利用软件 Jade 6.5 所有卡片数据库对 XRD 图谱中的主要衍射峰进行查对分析，包括衍射峰背底的扣除、特征峰的匹配以及物相等信息的提取。

X射线荧光光谱分析(X ray fluorescence，XRF)：采用XRF－1800型X射线荧光光谱仪对实验材料及其制备的催化剂中各个化学元素的种类及含量进行精确测定。该仪器采用顺序扫描式测定方法，能够覆盖从^{5}B—^{92}U的广泛元素范围。在测定前，需对样品进行干燥处理并研磨至100目以下粒径，随后进行压片处理以满足测试要求。

扫描电子显微镜(SEM)：SEM作为一种大型精密仪器，主要用于对样品表面形态进行高分辨率的观察与分析。通过采集包括二次电子、背散射电子、吸收电子、透射电子、俄歇电子、X射线等多种信号源的信息，SEM能够全面揭示被测样品的物理、化学性质以及形貌、组成、晶体结构、电子结构和内部电场或磁场等微观特征。在实验中，利用S4800型环境扫描电镜对粉末状样品进行了微观表面形貌、组织结构及元素成分的深入分析。样品准备过程中，将粉末样品用导电胶黏附于合金样品架上即可直接进行测试，无需进行表面喷金处理。

2.3   不同聚铝废渣污泥调理条件的优化与分析

通过系统研究原聚铝废渣的投加量、酸改性聚铝废渣和碱改性聚铝废渣的改性条件(酸/碱浓度及改性时间)和投加条件(投加量及颗粒粒径)下的表现，进行了一系列单因素实验。这些实验旨在检测并比较污泥在调理前后的SV、CST及含水率的变化。此研究的核心目标在于讨论不同聚铝废渣的最佳改性条件与投加条件，为后续的优化实验奠定坚实基础。

2.3.1   投加量

将PACS在105 ℃条件下烘干，随后进行研磨并过筛，以确保其达到实验所需的粒度标准。向污泥中分别投入0、1 g/L、5 g/L、2.5 g/L、3.5 g/L、5 g/L、6 g/L和7 g/L的PACS粉末，以考察不同投加量对污泥调理效果的影响。通过对比调理后污泥的SV、含水率和CST指标，确定利用PACS调理污泥时的最佳投加量。

如图2－2所示，调理后污泥SV随PACS投加量的增加呈现出显著的下降趋势，并在投加量达到6 g/L时降至最低值。同时，污泥的含水率随着PACS投加量的增加呈现下降趋势，并在投加量为3.5 g/L时降至最低值(69.56%)。与原污泥79.40%的含水率相比，在同等绝干污泥质量下，泥饼体积缩小了66.7%。

如图2－3所示，在较低的PACS投加量(0～3.5 g/L)范围内，污泥的CST随投加量的增加呈下降趋势，在投加量为5～7 g/L时，尽管存在轻微波动，CST依然能够稳定在14.5～15.7 s之间。在实验过程中，发现PACS的投加量需要控制在合理范围内，以避免因投加过量而影响污泥调理后上清液的浊度。

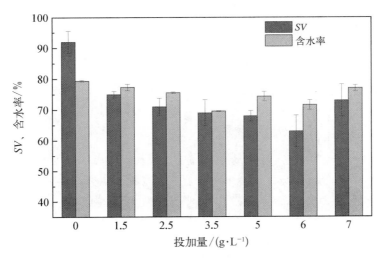

图 2 - 2　不同 PACS 投加量下污泥 SV 和含水率的变化情况

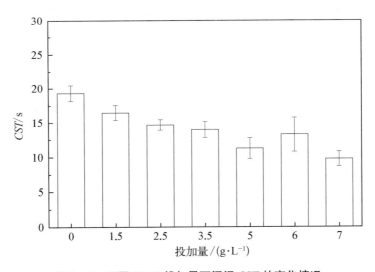

图 2 - 3　不同 PACS 投加量下污泥 CST 的变化情况

　　向污泥中分别加入 0、3 g/L、5 g/L、7 g/L 和 9 g/L 的 AMPACS,污泥的 SV 随 AMPACS 投加量的增加呈下降趋势,在投加量为 5 g/L 时,SV 达到最低值(图 2 - 4);污泥的含水率随 AMPACS 投加量的增加而降低,当投加量为 7 g/L 时,污泥含水率降至最低值 71.24%。与原污泥 85.95% 的含水率相比,在同等绝干污泥质量下,污泥体积缩减至原污泥的 60%。

　　如图 2 - 5 所示,污泥 CST 随 AMPACS 投加量的增加而缩短,当投加量为 7 g/L 时,CST 达到最小值,即 12.05 s。在实验过程中,观察到 AMPACS 的投加量存在上限,过大的投加量会影响污泥调理后上清液的浊度。

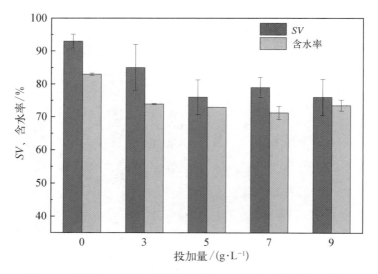

图 2 - 4　不同 AMPACS 投加量下污泥 SV 和含水率的变化情况

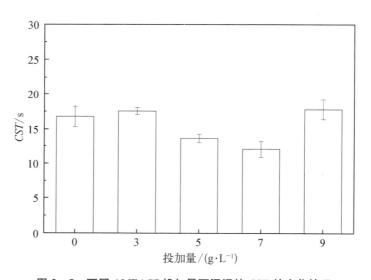

图 2 - 5　不同 AMPACS 投加量下污泥的 CST 的变化情况

在预实验阶段,观察到氢氧化钙对 PACS 的碱性改性处理表现出一定的助凝作用,其显著降低了在投加 BMPACS 过程中上清液出现浑浊的风险。此外,污泥的调理效果与BMPACS 的投加量呈正相关关系。按照污泥调理的实验步骤,利用 1 mol/L 氢氧化钙溶液对 PACS 进行 3 h 的改性处理,随后筛选出粒径为 150 μm 的 BMPACS 颗粒,向污泥中分别加入 0、15 g/L、18 g/L、20 g/L、22 g/L 和 25 g/L 的 BMPACS。

如图 2 - 6 所示,当 BMPACS 的投加量为 20 g/L 时,调理后的污泥的 SV 达到最低值(40%)。在此投加量下,污泥的含水率也降至最低值(58.67%)。与污泥调理前 78.74% 的含水率相比,在同等绝干污泥质量下,污泥的体积缩减至原污泥体积的

50%。如图 2-7 所示,当 BMPACS 的投加量为 20 g/L 时,污泥的 CST 达到最低值(12.6 s)。

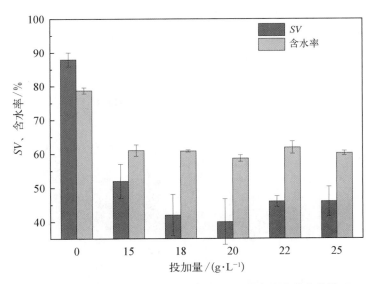

图 2-6　不同 **BMPACS** 投加量下污泥 SV 和含水率的变化情况

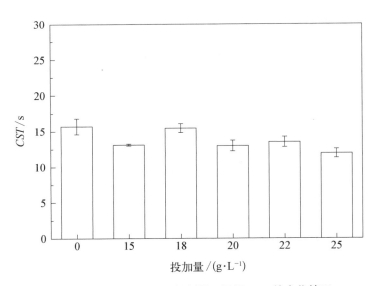

图 2-7　不同 **BMPACS** 投加量下污泥 CST 的变化情况

2.3.2　改性酸/碱浓度

在酸改性过程中,硫酸的浓度变化将直接影响 PACS 的改性效果。在实验中,利用浓度为 0、10%、30%、50%、70% 和 90% 的硫酸对 PACS 进行改性处理,随后,向污泥中加入 7 g/L、酸改性浓度不同的 AMPACS 进行实验。

如图 2-8 所示，在相同的 AMPACS 投加量下，污泥的 *SV* 随酸浓度的增大略有上升，其中，经浓度为 30％的硫酸改性后的 AMPACS，表现出最佳的污泥调理效果。在硫酸浓度增加的过程中，经 AMPACS 调理后，污泥的含水率基本稳定在 70.78％～72.30％的范围内。当硫酸浓度提升至 90％时，经 AMPACS 调理后，污泥的含水率急剧上升，这可能是由于高浓度硫酸对 PACS 产生了固化作用，进而导致 PACS 结板并失去活性。

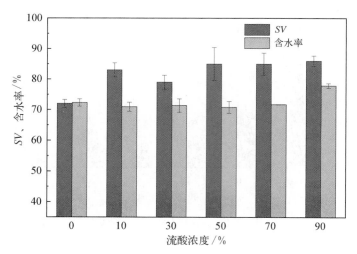

图 2-8   经酸改性浓度不同的 AMPACS 调理后污泥 *SV* 和含水率的变化情况

如图 2-9 所示，在硫酸浓度增加的过程中，经 AMPACS 调理后，污泥的 *CST* 基本稳定在 13.5～16.1 s 的范围内。

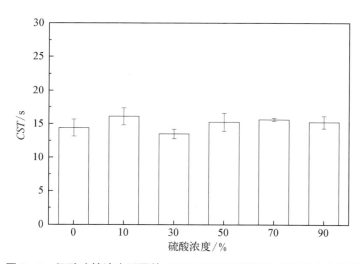

图 2-9   经酸改性浓度不同的 AMPACS 调理后污泥 *CST* 的变化情况

在改性过程中，氢氧化钙的浓度对最终样品中氢氧化钙的残留浓度与改性效果具有显著影响，这些效果进而影响到污泥的调理效能。在实验中，利用浓度为 0、0.5 mol/L、

1 mol/L、1.5 mol/L 和 2 mol/L 的氢氧化钙对 PACS 改性处理 3 h 后,筛选出粒径为 150 μm BMPACS 颗粒,随后,向污泥中加入 20 g/L、碱改性浓度不同的 BMPACS 进行实验。

　　如图 2‑10 所示,随着碱浓度的逐渐升高,经 BMPACS 调理后,污泥的 SV 和含水率均呈下降趋势,并在碱浓度为 1 mol/L 时降至最低值,分别为 40% 和 58.67%。

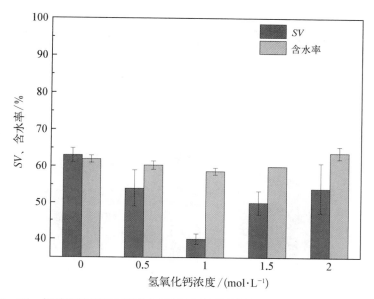

图 2‑10　经碱改性浓度不同的 BMPACS 调理后污泥 SV 和含水率的变化情况

　　如图 2‑11 所示,随着碱浓度的逐渐升高,经 BMPACS 调理后,污泥的 CST 先降后升,在碱浓度为 1 mol/L 时达到最低值,即 12.9 s。

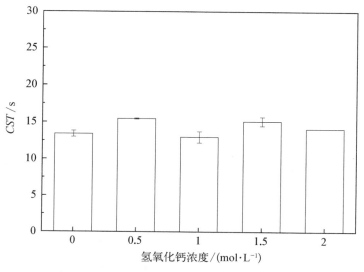

图 2‑11　经碱改性浓度不同的 BMPACS 调理后污泥 CST 的变化情况

2.3.3 颗粒粒径

PACS 的颗粒粒径决定其比表面积,进而影响其对污泥的调理效果。在实验中,利用 30％硫酸对 PACS 改性处理 2 h 后,通过筛分选取粒径分别为 270 μm、210 μm、150 μm 的 AMPACS 颗粒,随后,向污泥中加入 7 g/L、粒径不同的 AMPACS 进行实验。

如图 2-12 所示,用粒径为 270 μm 的 AMPACS 调理污泥,能达到最佳的污泥 SV 效果;当粒径缩减至 150 μm 时,AMPACS 对污泥含水率的调理效果最显著,含水率可降至 71.92％。

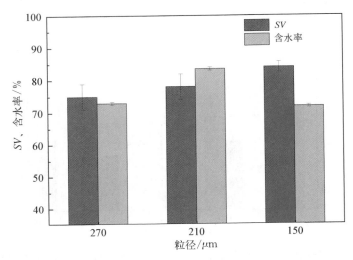

图 2-12 经不同粒径的 AMPACS 调理后污泥 SV 和含水率的变化情况

如图 2-13 所示,AMPACS 的粒径为 210 μm 时,其对污泥 CST 的改善效果最佳,CST 可缩短至 11.5 s。

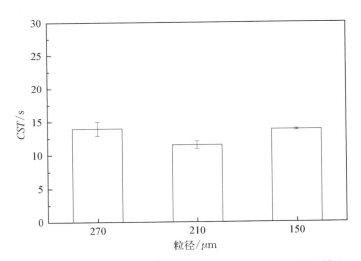

图 2-13 经不同粒径的 AMPACS 调理后污泥 CST 的变化情况

　　PACS 颗粒的粒径对其与污泥的接触面积和吸附效果具有显著影响。在实验中,利用 1.5 mol/L 的氢氧化钙对 PACS 改性处理 3 h 后,筛选出颗粒粒径为 270 μm、210 μm 和 150 μm 的 BMPACS,随后,向污泥中加入 20 g/L、粒径不同的 BMPACS 进行实验。

　　如图 2 - 14 所示,BMPACS 的粒径为 210 μm 时,经其调理后,污泥的 SV 达到最低值,即 55%。在 BMPACS 粒径变化过程中,调理后污泥的含水率保持相对稳定,约为 61.5%。

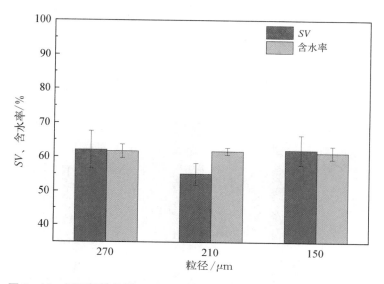

图 2 - 14　经不同粒径的 BMPACS 调理后污泥 SV 和含水率的变化情况

　　如图 2 - 15 所示,BMPACS 粒径为 150 μm 时,经其调理后,污泥的 CST 达到最低值,即 13.6 s。

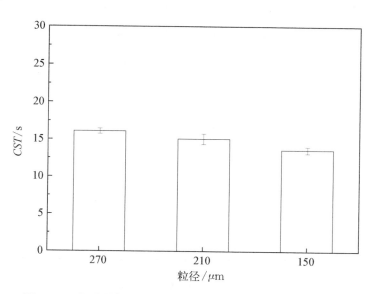

图 2 - 15　经不同粒径的 BMPACS 调理后污泥 CST 的变化情况

2.3.4　改性时间

改性剂与 PACS 的接触反应时长可在一定程度上影响 PACS 的改性程度及效果。在实验中,利用浓度为 30% 的硫酸对 PACS 进行 1 h、2 h 和 3 h 的改性处理后,筛取出颗粒粒径为 150 μm 的 AMPACS,随后,向污泥中加入 7 g/L、改性时间不同的 AMPACS 进行实验。

如图 2-16 所示,在 3 种不同的改性时间下,经 AMPACS 调理后,污泥 SV 与含水率的变化情况并未呈现显著差异。

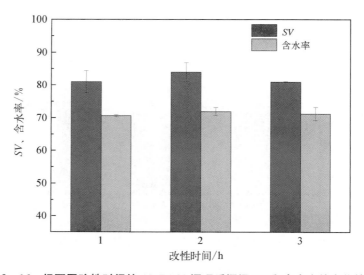

图 2-16　经不同改性时间的 AMPACS 调理后污泥 SV 和含水率的变化情况

如图 2-17 所示,在改性时间为 3 h 时,经 AMPACS 调理后,污泥 CST 的调理效果较差,而在其他改性时间下,CST 相对稳定且差异不显著,约为 13.8 s。

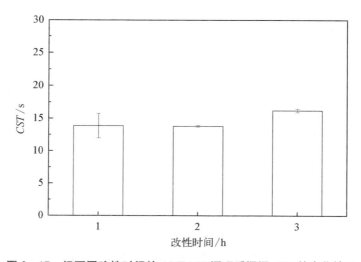

图 2-17　经不同改性时间的 AMPACS 调理后污泥 CST 的变化情况

对 AMPACS 的改性条件及投加条件进行单因子实验分析,得出结论:采用硫酸对 PACS 进行一定程度的改性,并未显著增强其污泥调理效果,反而在部分参考数值上出现效果减弱的情况。这可能是因为在利用硫酸对 PACS 进行改性的过程中,硫酸使 PACS 表面结构发生固化,进而使其活性降低。

改性时间作为关键参数,显著影响了改性程度及污泥的后续调理效果。在实验中,利用 1.5 mol/L 的氢氧化钙对 PACS 进行 1 h、2 h 和 3 h 的改性处理,筛选出颗粒粒径为 150 μm 的 BMPACS,随后,向污泥中加入 20 g/L、改性时间不同的 BMPACS 进行实验。

如图 2 - 18 所示,改性时间为 3 h 时,经 BMPACS 调理后的污泥,其 SV 达到最低 (40%);改性时间为 1 h 时,经 BMPACS 调理后的污泥,其含水率达到最低(58.67%)。
如图 2 - 19 所示,在改性时间为 3 h 时,经 BMPACS 调理后的污泥,CST 降至最低

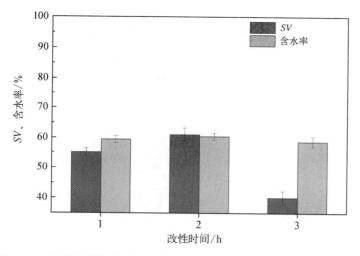

图 2 - 18　经不同改性时间的 BMPACS 调理后污泥 SV 和含水率的变化情况

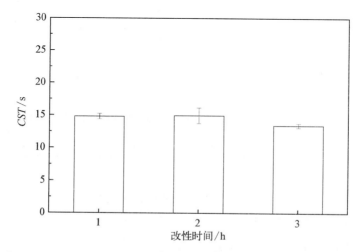

图 2 - 19　经不同改性时间的 BMPACS 调理后污泥 CST 的变化情况

(13.4 s)。这些数据表明，BMPACS 的改性时间为 3 h 时，对调理后污泥的 *SV* 影响较大，对含水率和 *CST* 影响相对较小。

2.3.5 碱与废渣结合方式对调理效果的影响

相对硫酸与聚铝废渣在改性过程中的结合，氢氧化钙与聚铝废渣的结合强度相对较弱，且部分氢氧化钙在投入水体后会溶解。为了验证氢氧化钙与聚铝废渣一起改性后使用，对污泥的调理效果比单独投加时的效果更好，设计了以下实验。向污泥中投入不同浓度的 BMPACS(0、5 g/L、10 g/L、15 g/L、20 g/L 和 25 g/L)，计算其中氢氧化钙的含量，称取相应量的氢氧化钙后与 PACS 分开投入对比实验污泥中，其余投加条件保持不变，对比两批调理后污泥的 *SV*、*CST* 和含水率。其中，$SV_{(m)}$、$CST_{(m)}$ 和含水率$_{(m)}$均代表了 BMPACS 改性效果的量化指标。

如图 2 - 20 所示，随着 BMPACS 及"氢氧化钙＋聚铝废渣"投加量的增加，污泥的沉降与脱水性能均显著提升，但 BMPACS 调理后的污泥有更低的含水率。尽管两者含水率均随投加量的增加而降低，但超过 20 g/L 时经"氢氧化钙＋聚铝废渣"调理后的污泥，含水率有上升的趋势。

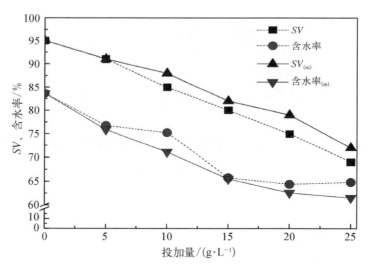

图 2 - 20 碱和废渣不同投加条件下污泥 *SV* 和含水率的变化情况

如图 2 - 21 所示，BMPACS 和"氢氧化钙＋聚铝废渣"在提升污泥透水性(*CST*)方面效果有限且波动较大，两者间差异不显著。

Xin 等[56]在利用钙铝石($12CaO \cdot 7Al_2O_3$)和硫铝酸盐($Ca_3Al_6O_2 \cdot CaSO_4$)对剩余污泥进行深度脱水实验时发现，钙铝石和硫铝酸盐联用可以将剩余污泥含水率降低至 52.43%；He 等[57]研究了 Fe@Fe_2O_3 纳米材料、聚二烯丙基二甲基氯化铵(PDMDAAC)和 H_2SO_4用于污泥脱水中的应用，结果显示，在最佳投加量下，污泥含水量降至 64.8%、

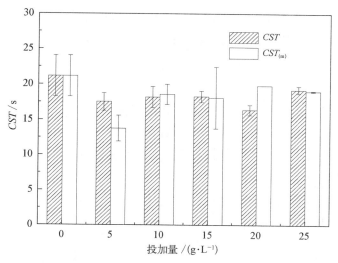

图 2 - 21　碱和废渣不同投加条件下污泥 *CST* 的变化情况

毛细吸水时间缩短至 21 s。这两项研究进一步证明了两种或多种调理剂联合应用往往能实现更好的污泥处理效果。

为了探究 BMPACS 中氢氧化钙对污泥的调理效果，设计了以下实验：计算 BMPACS 在投加量分别为 0、5 g/L、10 g/L、15 g/L、20 g/L 和 25 g/L 时，氢氧化钙的相应含量为 0、178.4 mg/L、356.8 mg/L、535.2 mg/L、713.0 mg/L 和 892.0 mg/L，称取后分别投入污泥中，测定经其调理后污泥的 *SV*、*CST* 和含水率。

如图 2 - 22 所示，氢氧化钙单独作用于污泥时，随着投加量的增加，其提升效果不佳。具体而言，*SV* 最低降至 90%，而同等量的 BMPACS 调理后，*SV* 降至 72%（图 2 - 20）；含水率方面，最低降至 80%，但经同等量的 BMPACS 调理后含水率降至 61%（图 2 - 20）。

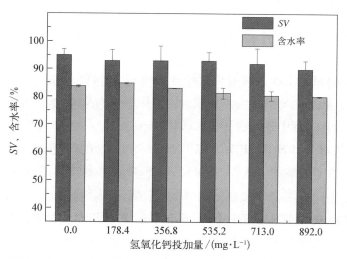

图 2 - 22　不同氢氧化钙投加量下污泥 *SV* 和含水率的变化情况

如图 2-23 所示,氢氧化钙单独作用对污泥透水性能影响有限,其 *CST* 平均值为 20.01 s,而经同等量的 BMPACS 调理后,污泥 *CST* 平均值降低至 18.41 s(图 2-21)。

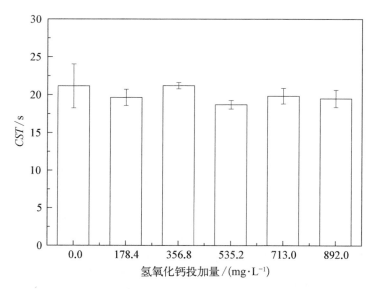

图 2-23　不同氢氧化钙投加量下污泥 *CST* 的变化情况

通过对比分析,可以清晰地看出,单独投加氢氧化钙对污泥的调理效果是远不及对 PACS 改性后再调理的效果。此结果可能归因于 BMPACS 在污泥体系中的多重作用机制:其不仅包含氢氧化钙及部分 PAC 组分,这些成分可起到助凝剂和絮凝剂的作用;BMPACS 本身的固体支架还可作为类似晶核的存在,促进絮体的生成和沉降,并有效支撑了泥饼间隙的排水通道。

2.3.6　聚铝废渣改性前后活性表征

如图 2-24 所示为 PACS、AMPACS 和 BMPACS 的 XRD 图谱,3 个样品皆在 $2\theta =$ 35.24°,47.72°,59.38°和 $2\theta =$ 25.56°,33.66°,43.44°时出现尖锐的衍射峰。通过 MDI Jade 6.0 软件进行图谱分析,发现这两组衍射峰分别与 $Ca_3Al_{14}O_{33}$ 和 Al_2O_3 的标准 PDF 卡片较为吻合。因此,确定 PACS 中的主要成分为钙铝氧化物及氧化铝,其这些物质的物相晶型较好,表明在活化过程中并未遭受较大破坏[58]。

通过 XRF 法对 PACS、AMPACS 和 BMPACS 的全元素及氧化物进行分析,结果如图 2-25 所示。由于硫酸的引入,AMPACS 中 S、O 元素及 SO_3 的含量有所升高,Al_2O_3 等金属氧化物含量降低幅度较大,或由于 Cl 元素结合 H_2SO_4 中 H^+ 生成了 HCl,其在改性过程中挥发的缘故,AMPACS 中 Cl 元素含量的降低也较大。由于 $Ca(OH)_2$ 的引入,BMPACS 中 Ca 元素和 CaO 含量明显升高,或由于碱改性过程中 PACS 总体质量减少,导致 BMPACS 中各金属含量所占比例也同时上升。

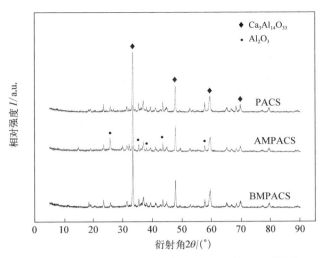

图 2‐24　PACS、AMPACS 和 BMPACS 的 XRD 谱图

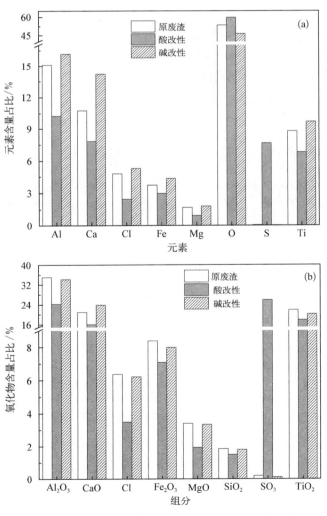

图 2‐25　PACS、AMPACS 和 BMPACS 的元素组成(a)及物质组成(b)

对聚铝废渣调理污泥的脱水效果机理进行分析：细颗粒聚铝废渣比表面积较大，吸附性能较强，同时还可起到电性中和与吸附架桥的作用，破坏污泥胶体的稳定性，促使分散的污泥小颗粒聚集成为大颗粒，从而显著提升污泥的沉降效率[59]，此过程的具体效果如图 2-26 所示。添加的 $Ca(OH)_2$ 显碱性，其在反应过程中不仅能部分侵蚀污泥细胞的膜结构，促进细胞内部水分的释放[60]，而且通过其引入的 Ca^{2+}、Al^{3+} 等多价金属离子，能够进一步借助架桥机制与污泥胞外聚合物及细胞相连，缩短细胞间距，加速间隙水的排出[61-63]。这一过程中，$Ca(OH)_2$ 还显著减弱了污泥颗粒间的排斥力，为脱水创造了更为有利的条件；$Ca(OH)_2$ 及其在污泥体系内转化生成的 $CaCO_3$（通过碳酸化过程）在污泥受压时能够形成稳固的框架结构与排水通道，促进了细胞间隙水的流通，有效降低了污泥比阻[64,65]。

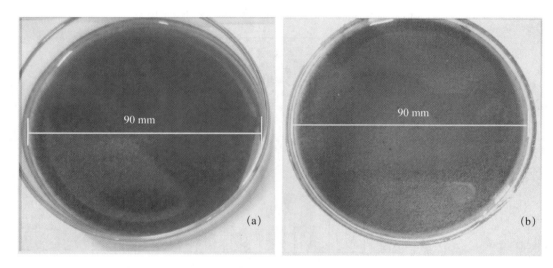

图 2-26　BMPACS 投加前(a)和后(b)污泥的样貌(90 mm 培养皿)

在相关研究领域，已有学者取得了显著成果。例如，Albertson 等[66]用粉煤灰作为污泥脱水的骨架材料，能够将污泥的含水率最低降至 63%，并实现了污泥泥饼的自持燃烧，该成果可大大减少污泥焚烧的成本。Shi 等[67]使用 Fe^{2+}/过硫酸盐和骨架助剂协同处理剩余污泥，结果显示，经调理后的污泥毛细吸水时间缩短了 88.4%，并通过隔膜压滤的方式成功将含水率降至 45.7%。

利用 SEM 对酸/碱改性后的聚铝废渣进行微观表面表征，图 2-27 清晰展示了其改性前后的微观结构变化。聚铝废渣微粒表面粗糙，颗粒间结构有一定的空隙，这一特性利于颗粒在水中的分散，并促进对污泥颗粒的捕捉与结合。经 30% H_2SO_4 改性后，聚铝废渣的微观结构发生了显著变化。原有的松散孔隙结构与粗糙的表面遭到破坏，颗粒间空隙缩小，表面变得光滑。这种变化导致 AMPACS 在水体中难以分散，进而削弱了其对污泥的吸附效果。与 PACS 和 AMPACS 相比，经 1 mol/L $Ca(OH)_2$ 改性后的聚铝废渣呈现出更为粗糙的表面与更疏松的孔隙结构。这种结构有利于颗粒在水体中的分散,同时其增大的比表面积也提高了对污泥的吸附作用[68]。因此,可以认为聚铝废渣的微观结构对改善污泥脱水性能有一定的强化作用;经过酸改性处理后,其微观结构受到破坏,导致该强化作用有所弱化;实际污泥调理的效果,进一步证实了 BMPACS 能够对该强化作用实现进一步的增强。对聚铝废渣改性前后的电镜图片进行分析,结果显示,原始聚铝废渣的孔隙率为 17.15%,酸改性后孔隙率下降至 6.22%,而碱改性后孔隙率则有所上升,达到 20.70%。

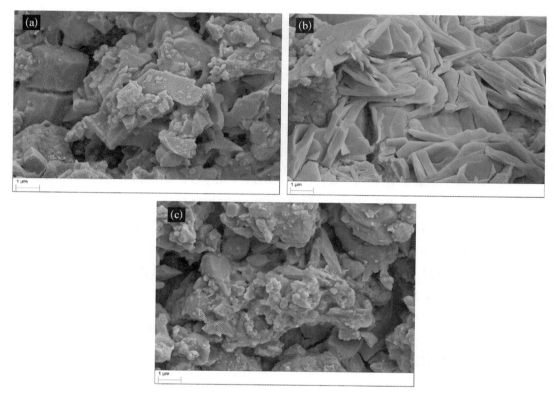

图 2－27　不同聚铝废渣的 SEM 图[(a):PACS、(b):AMPACS、(c):BMPACS]

综上所述,聚铝废渣的微观结构是影响其污泥处理性能的关键因素之一。通过合理的改性处理,可以优化其微观结构,进而提升污泥脱水性能,而实际的污泥调理效果也进一步证实了 BMPACS 在增强这种强化作用方面的有效性。

2.3.7　小结

改性后聚铝废渣在污泥调理方面展现出显著优势,见表 2.4。AMPACS 的最佳调理条件为:30% H_2SO_4 改性 2 h、投加量为 7 g/L,污泥调理后 SV 为 79%、CST 为 12.0 s、含水率为 71.36%。BMPACS 的最佳调理条件为:1 mol/L $Ca(OH)_2$ 改性 3 h、投加量为

20 g/L,污泥调理后 SV 为 40％、CST 为 12.9 s、含水率为 58.67％。BMPACS 对污泥的调理效果明显优于 AMPACS 及未改性聚铝废渣。对比原污泥,在最佳条件下进行处理的污泥,其沉降后上清液体积为原污泥的 5 倍,且等量的污泥在脱水后体积仅为原污泥的 1/2。此外,由于污泥体系具有较强的缓冲能力,所以上述聚铝废渣投加前后对体系 pH 的影响可忽略不计[69]。

表 2.4 PACS、AMPACS 和 BMPACS 的最佳调理条件及调理效果

样　品	投加量/(g·L^{-1})	改性剂	SV/%	CST/s	含水率/%
PACS	3.5	—	72	14.5	69.56
AMPACS	7	30% H_2SO_4	79	12.0	71.36
BMPACS	20	1 mol/L $Ca(OH)_2$	40	12.9	58.67

通过对聚铝废渣进行酸改性或碱改性,制备 AMPACS 和 BMPACS,不同聚铝废渣的 XRD 图、XRF 图和 SEM 图表明:聚铝废渣在酸改性或碱改性的过程中,其物相晶型并未遭到较大程度的破坏,其中主要组分部分为氧化铝及钙铝氧化物。但是,酸改性或碱改性后的聚铝废渣中的各元素和氧化物组成及含量有一定的变化,例如,AMPACS 中的 Cl 元素含量占比下降幅度较大,取而代之的是 S 元素;BMPACS 中 Ca 元素及 CaO 含量占比有明显上升。SEM 图显示,BMPACS 的表面较 PACS 更粗糙且表面积更大,而 AMPACS 的表面则变得光滑且紧密。

2.4　改性聚铝废渣条件的优化分析

在单因素实验的基础上,对 AMPACS 和 BMPACS 的改性条件与投加条件进行进一步的优化,利用四因素三平行正交实验分析 4 个参数对 SV、CST 和含水率 3 个调理效果参考值的影响程度,在正交实验的基础上,选取 3 个影响程度最大的 3 个因素进行进一步的响应曲面优化,旨在最大限度地通过数值分析的方式对实验进行细致的优化,寻求最佳的条件。

2.4.1　正交实验

1. 酸改性聚铝废渣

采用稀硫酸对聚铝废渣进行改性,选取聚铝废渣投加量(A)、酸改性浓度(B)、颗粒粒径(C)和改性时间(D)作为 AMPACS 调理污泥脱水过程中实验参数优化正交实验的考察因素,每个因素设定 3 个水平。以调理后污泥的 SV、CST 和含水率作为参考指标,建立四因素三平行正交实验(见表 2.5),结果见表 2.6。

表 2.5　实验因素、水平取值一览表

水平 ＼ 因素	投加量 /(g·L^{-1})	硫酸浓度 /%	颗粒粒径 /μm	改性时间 /h
1	3	30	270	1
2	5	50	210	2
3	7	70	150	3

表 2.6　实验参数优化:正交实验的结果

实验号	实 验 条 件				实 验 结 果		
	投加量	改性浓度	颗粒粒径	改性时间	SV/%	CST/s	含水率/%
1	1	1	1	1	75.0	13.33	86.2
2	1	2	2	2	70.0	13.17	80.0
3	1	3	3	3	76.0	14.83	81.5
4	2	1	2	3	72.0	14.00	81.9
5	2	2	3	1	67.0	13.33	81.6
6	2	3	1	2	81.0	15.83	84.3
7	3	1	3	2	77.0	15.50	74.3
8	3	2	1	3	78.0	15.83	81.5
9	3	3	2	1	82.0	16.67	75.7

以 SV、CST 和含水率作为污泥调理脱水的参考指标,其相应的最佳调理条件为: $A_2B_2C_3D_1$、$A_1B_2C_2D_2$ 和 $A_3B_1C_3D_2$(见表 2.6、表 2.7)。通过对比极差,对于污泥调理后的 SV,4 个因素的影响程度排名为:B>A>C>D;对于 CST,4 个因素的影响程度排名为:A>B>C=D;对于含水率,4 个因素的影响程度排名为:A>C>D>B。由此可见,4 个因素中聚铝废渣的投加量、硫酸浓度及颗粒粒径都在不同程度上,对污泥脱水性能的改良效果有显著的影响。其中,改良效果最显著的是聚铝废渣的投加量;改性时间除对含水率略有影响以外,对其他两个参考指标均无太大影响,所以改性时间对污泥脱水性能的改良效果影响不显著。在四因素三平行正交实验中,改性时间和颗粒粒径的最佳参数分别为 2 h 和 150 μm 及以下,聚铝废渣的投加量和硫酸浓度的较佳参数分别为 3 g/L 和 50% 或 7 g/L 和 30%。

表 2.7　实验参数优化：正交实验结果分析

指标 \ 方差分析	F_{ij}	F_{1j}	F_{2j}	F_{3j}	F_{4j}
$SV/\%$	F_{i1}	73.67	74.67	78.00	74.67
	F_{i2}	73.33	71.67	74.67	75.00
	F_{i3}	79.00	79.67	73.33	75.33
	极差 ΔF_i	5.67	8.00	4.67	0.66
CST/s	F_{i1}	13.78	14.28	15.00	14.44
	F_{i2}	14.39	14.11	14.61	14.83
	F_{i3}	16.00	15.78	14.55	14.89
	极差 ΔF_i	2.22	1.67	0.45	0.45
含水率$/\%$	F_{i1}	82.58	80.78	83.99	81.21
	F_{i2}	82.59	81.02	79.18	79.49
	F_{i3}	77.15	80.52	79.14	81.61
	极差 ΔF_i	5.44	0.50	4.85	2.12

2. 碱改性聚铝废渣

使用一定浓度的氢氧化钙溶液对聚铝废渣进行碱性改性，选取聚铝废渣投加量（A）、改性碱浓度（B）、颗粒粒径（C）和改性时间（D）作为碱改性聚铝废渣调理污泥脱水过程中实验参数优化正交实验的考察因素，每个因素设定 3 个水平。以调理后污泥的 SV、CST 和含水率作为参考指标，建立四因素三平行正交实验（见表 2.8），结果见表 2.9。

表 2.8　实验因素、水平取值一览表

水平 \ 因素	投加量 /(g·L⁻¹)	氢氧化钙浓度 /(mol·L⁻¹)	颗粒粒径 /μm	改性时间 /h
1	3	1	270	1
2	5	1.5	210	2
3	7	2	150	3

表 2.9　实验参数优化：正交实验结果

实验号	实验条件				实验结果		
	投加量 /(g·L⁻¹)	氢氧化钙浓度 /(mol·L⁻¹)	颗粒粒径 /μm	改性时间 /h	SV /%	CST /s	含水率 /%
1	1	1	1	1	87	15.95	78
2	1	2	2	2	87	22.35	81

续　表

实验号	实验条件				实验结果		
	投加量 /(g·L⁻¹)	氢氧化钙浓度 /(mol·L⁻¹)	颗粒粒径 /μm	改性时间 /h	SV /%	CST /s	含水率 /%
3	1	3	3	3	88	21.40	77
4	2	1	2	3	83	17.20	76
5	2	2	3	1	86	16.55	75
6	2	3	1	2	88	15.20	79
7	3	1	3	2	81	17.15	75
8	3	2	1	3	81	16.40	74
9	3	3	2	1	67	16.30	78

由表 2.9 和表 2.10 可知,以 SV、CST 和含水率作为参考指标,相应的最佳调理条件为:$A_3B_3C_2D_1$、$A_2B_3C_1D_2$ 和 $A_3B_1C_3D_2$。通过对比极差,可以发现,聚铝废渣投加量、碱浓度、颗粒粒径及改性时间对调理后污泥 SV、含水率和 CST 的影响规律一致,影响程度大小排名为:$A>C>D>B$。由此可见,聚铝废渣投加量、碱浓度及颗粒粒径都在不同程度上,对污泥脱水性能的改良效果有显著影响。其中,改良效果最显著的是聚铝废渣的投加量与颗粒粒径。在四因素三平行正交实验中,改性时间和颗粒粒径的最佳参数分别为 3 h 和 150 μm 及以下,聚铝废渣投加量和氢氧化钙浓度的较佳参数分别为 7 g/L 和 1 mol/L 或 7 g/L 和 2 mol/L。

表 2.10　实验参数优化:正交实验结果分析

指标　方差分析	F_{ij}	F_{1j}	F_{2j}	F_{3j}	F_{4j}
SV/%	F_{i1}	87.33	83.67	85.33	80.00
	F_{i2}	85.67	84.67	79.00	85.33
	F_{i3}	76.33	81.00	85.00	84.00
	极差 ΔF_i	11.00	3.67	6.00	5.33
CST/s	F_{i1}	20.32	18.43	18.60	17.92
	F_{i2}	16.30	17.63	18.50	18.32
	F_{i3}	16.30	16.85	16.32	16.68
	极差 ΔF_i	4.02	1.58	2.28	1.64
含水率/%	F_{i1}	78.55	76.13	76.76	77.04
	F_{i2}	76.66	76.60	78.49	78.17
	F_{i3}	75.65	78.12	75.60	75.64
	极差 ΔF_i	2.90	1.99	2.89	2.53

2.4.2　酸改性聚铝废渣响应曲面

响应曲面法(response surface mehtology，RSM)是一种数学和统计学方法，用于建模和分析多个自变量对一个或多个响应变量的影响。通过多元二次方程来拟合因素(即输入变量)与参考变量(即输出变量)之间的关系，并用回归分析来确定这些变量之间的关系强度和形式，寻求最佳工艺参数，即在生产过程中能够达到最佳效果的参数设置。该方法广泛应用于工程学、化学、生物学等领域，特别是在实验设计和质量控制中，通过构建响应曲面模型，可以对实验结果进行预测和优化。相对于传统的数理统计方法，RSM 可以较少的实验次数和较短的实验时间对所选拟合因素进行较为全方位的分析，得出正确的结论，并可通过直观的图像得到具有一定倾向的预测。例如，Liu 等[70]针对利用芬顿试剂和污泥骨架助剂的实验条件，应用 RSM 进行优化，预测到污泥饼的含水率最低可降至49.54%。

1. 响应曲面设计与结果

响应曲面法的第一步是选择合适的影响因素，通过前文的正交实验可以得出，对 AMPACS 和 BMPACS 调理污泥脱水性能影响最大的 3 个因素为：聚铝废渣投加量、酸/碱改性浓度和颗粒粒径。按照 Box - Behnken 实验设计的方法设计三因素三水平实验，共 17 个实验点。具体实验因素、水平和编码见表 2.11。AMPACS 响应曲面实验方案及结果见表 2.12。

表 2.11　AMPACS 响应曲面因子及水平取值一览表

因　子	单位	编码	水平取值			因素取值		
聚铝废渣投加量	g/L	A	−1	0	+1	3	5	7
硫酸浓度	%	B	−1	0	+1	30	50	70
粉末颗粒粒径	μm	C	−1	0	+1	270	210	150

表 2.12　AMPACS 响应曲面设计与结果

编号	投加量/(g·L^{-1})	硫酸浓度/%	颗粒粒径/μm	SV/%	CST/s	含水率/%
1	−1	0	1	85	14.4	73.82
2	−1	1	0	85	15.3	75.67
3	−1	−1	0	81	15.5	77.34
4	1	0	0	85	15.8	73.16

续　表

编号	投加量/(g·L⁻¹)	硫酸浓度/%	颗粒粒径/μm	SV/%	CST/s	含水率/%
5	0	0	0	82	16.3	76.49
6	0	1	1	83	11.6	76.86
7	1	0	1	86	15.3	73.13
8	0	0	0	77	15.9	73.53
9	0	−1	0	81	12.7	75.44
10	0	0	1	84	17.1	74.48
11	−1	0	0	86	13.7	76.24
12	1	1	0	87	17.3	74.96
13	0	0	0	83	16.1	74.42
14	0	0	0	85	14.6	75.23
15	0	1	0	86	13.9	78.38
16	0	−1	1	80	12.5	74.5
17	1	−1	0	79	14.7	75.59

　　方差分析和回归系数显著性检验结果见表 2.13,拟合得出的响应方程的相关系数 $R^2 > 0.65$,表明模型拟合度一般,实验有一定的误差。应用 RSM 模型可以大致分析聚铝废渣的改性与投加条件对污泥的调理效果。F 值和 P 值均显示模型拟合效果一般,利用此二次模型可以在一定程度上指示实际实验结果的走向。利用模型预测的最佳条件:聚铝废渣投加量为 5.98 g/L、硫酸浓度为 30% 和颗粒粒径为 150 μm;预测污泥调理后污泥的 SV 为 80.21%、CST 为 12.47 s 和含水率为 73.61%。

表 2.13　AMPACS 响应回归方程及分析结果

响应值	响应方程	F 值	P 值	R²
SV	$SV = 102.6 - 5.125A + 0.187\,5B - 0.155C + 0.025AB - 0.004\,2AC + 0.000\,42BC + 0.004\,75A^2 - 0.002\,8B^2 + 0.000\,39C^2$	2.92	0.073 7	0.715 1
CST	$CST = -4.53 - 3.35A + 0.19B + 0.21C + 0.018AB - 0.000\,73AC + 0.000\,43BC + 0.28A^2 - 0.003\,6B^2 - 0.000\,53C^2$	16.81	0.001 4	0.764 6
含水率	$含水率 = 74.29 + 1.895A - 0.38B + 0.044C + 0.006\,5AB - 0.009\,3AC + 0.000\,12BC - 0.078A^2 + 0.003\,4B^2 - 0.000\,025C^2$	2.46	0.109 3	0.654 6

2. 响应曲面的三维图

　　以 3 个因素作图,可得到基于 2 个因素在 3 个水平下的三维曲面图,该曲面图能较好地揭示因素之间的交互影响关系[71]。三维图可显示,在 3 个影响因素中某个因素固定不变的情况下,其余 2 个因素对污泥脱水效果的联合影响情况,进而对 3 个因素进行降维分析。通过响应曲面的扭曲程度,可以大致判断各因素对响应值的影响程度。

图 2-28 显示的是当颗粒粒径为 270 μm、酸浓度为 30%、聚铝废渣投加量为 5.98 g/L 时,不同因素组合,即投加量+酸浓度、投加量+颗粒粒径、酸浓度+颗粒粒径,对调理后污泥 SV 的影响。结果显示,污泥经 AMPACS 调理后,污泥 SV 在 77%~87% 之间。污泥的 SV 与 AMPACS 的酸改性浓度成正比,且酸改性浓度是对污泥 SV 影响最大的因素。在酸

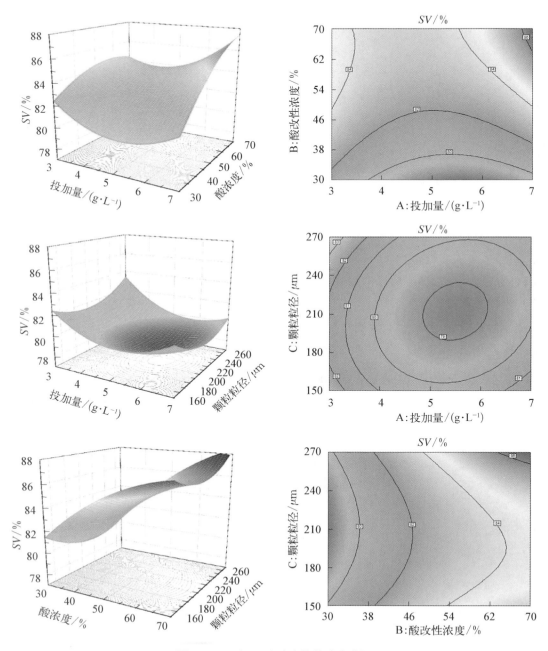

图 2-28　以 SV 为响应值的响应曲面

改性浓度确定的情况下,随着聚铝废渣投加量的增加,污泥的 SV 呈下降趋势。酸改性浓度对污泥的 SV 影响较小,且在区间内有最小值。仅看污泥的 SV,最佳的实验条件为:聚铝废渣投加量为 5.91 g/L、酸改性浓度为 30%、颗粒粒径为 221.2 μm,结果预测污泥的 SV 为 78.54%。

图 2-29 显示的是当颗粒粒径为 270 μm、酸浓度为 30%、聚铝废渣投加量为 5.98 g/L 时,不同因素组合,即投加量+酸浓度、投加量+颗粒粒径、酸浓度+颗粒粒径,对调理后污

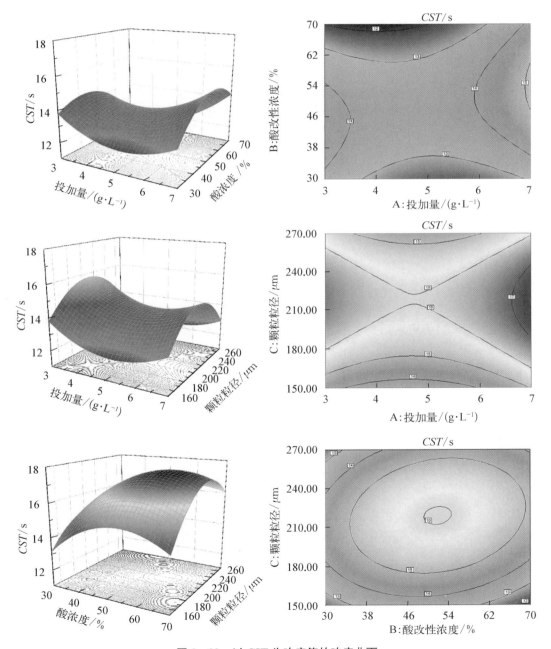

图 2-29　以 CST 为响应值的响应曲面

泥 CST 的影响。结果显示,污泥经 AMPACS 调理后,CST 介于 11.6～17.25 s 之间,3 个因素对调理后污泥的 CST 影响强度大致相同,其中,酸改性浓度与污泥 CST 成正比,说明需要对聚铝废渣进行低浓度的酸改性。仅看污泥 CST,最佳的条件为:聚铝废渣投加量为5.35 g/L、酸改性浓度为 30%、颗粒粒径为 150 μm,结果预测污泥 CST 为 12.32 s。

图 2 - 30 显示的是当颗粒粒径为 270 μm、酸浓度为 30%、聚铝废渣投加量为 5.98 g/L

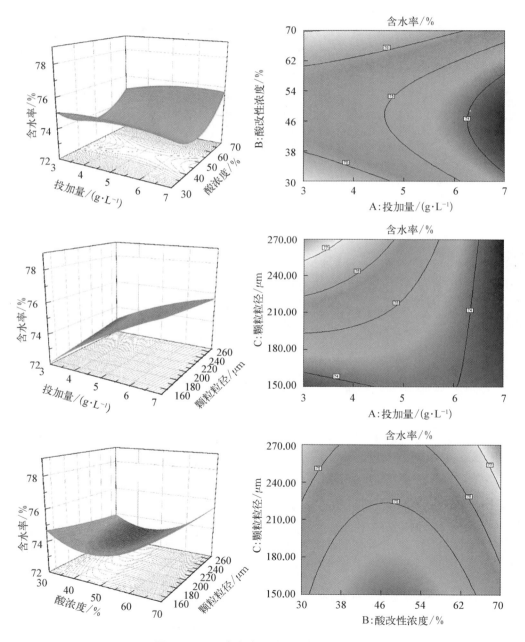

图 2 - 30   以含水率为响应值的响应曲面

时,不同因素组合,即投加量＋酸浓度、投加量＋颗粒粒径、酸浓度＋颗粒粒径,对调理后污泥含水率的影响。结果显示,污泥经 AMPACS 调理后,含水率介于 $73.13\%\sim78.38\%$ 之间,其中,聚铝废渣投加量对含水率的影响最大,颗粒粒径对含水率的影响最小,且在酸改性浓度的取值范围内存在含水率的较低值。AMPACS 投加量与含水率成正比关系。忽略其他污泥脱水效果仅看含水率,最佳的条件为:投加量为 7 g/L、酸改性浓度为 31％、颗粒粒径为 270 μm,结果含水率预测为 73.82％。

结合图 2－28 至图 2－30 可以看出针对 AMPACS 对污泥调理脱水效果影响因素中聚铝废渣投加量对其影响最大,其次为酸改性浓度,当考虑因素联合对相应值的影响时,影响力最大的组合为投加量与改性酸浓度,最后为改性酸浓度与颗粒粒径。将污泥脱水效果参考值 SV、CST 和含水率按 2∶2∶3 的比例赋以权重,模拟预测最佳条件下污泥 SV、CST 和含水率为:投加量为 7 g/L、酸改性浓度为 30％、颗粒粒径为 270 μm,结果污泥 SV 为 80.4％、CST 为 12.9 s、含水率为 73.91％。

2.4.3　碱改性聚铝废渣响应曲面

1. 响应曲面设计与结果

根据上述单因素实验及正交实验,选取 BMPACS 调理污泥中最主要的 3 个影响因素:投加量、改性碱浓度和颗粒粒径,按照 Box－Behnken 试验设计的方法设计三因素三水平试验,共 17 个实验点。具体实验因素、水平和编码见表 2.14,碱改性滤渣响应曲面实验方案及结果见表 2.15。

表 2.14　BMPACS 响应曲面因子及水平取值一览表

因　子	单位	编码	水平取值			因素取值		
聚铝废渣投加量	g/L	A	−1	0	+1	15	20	25
碱浓度	mol/L	B	−1	0	+1	1.5	2	2.5
粉末颗粒粒径	μm	C	−1	0	+1	270	210	150

表 2.15　BMPACS 响应曲面设计与结果

序号	投加量/(g·L⁻¹)	碱浓度/(mol·L⁻¹)	颗粒粒径/μm	SV/%	CST/s	含水率/%
1	−1	0	1	55	18.25	64.54
2	−1	1	0	64	17.77	71.32
3	−1	−1	0	56	18.25	65.08
4	1	0	0	46	14.90	62.82
5	0	0	0	45	14.35	61.94

序号	投加量/(g·L⁻¹)	碱浓度/(mol·L⁻¹)	颗粒粒径/μm	SV/%	CST/s	含水率/%
6	0	1	1	45	14.70	60.21
7	1	0	1	43	16.70	58.44
8	0	0	0	50	14.43	65.07
9	0	−1	0	46	16.40	61.89
10	0	0	0	48	14.97	64.16
11	−1	0	0	60	14.90	66.53
12	1	1	0	46	16.35	62.02
13	0	0	0	47	14.70	61.40
14	0	0	0	45	14.45	60.44
15	0	1	0	51	15.40	66.83
16	0	−1	1	44	14.13	60.94
17	1	−1	0	49	14.73	61.85

　　方差分析和回归系数显著性检验结果见表 2.16,拟合得出的响应方程的相关系数 $R^2 > 0.89$,表明模型拟合度较好,实验误差小。应用 RSM 模型可以分析聚铝废渣的改性与投加条件对污泥调理效果的影响。F 值和 P 值均显示模型显著,可以判断此二次模型适用于预测真实的实验结果。利用模型预测的最佳条件:聚铝废渣投加量为 22.69 g/L、碱浓度为 1.36 mol/L 和颗粒粒径为 150 μm,预测污泥调理后 SV 为 42.25%、CST 为 14.5 s、含水率为 58.76%。

表 2.16　BMPACS 响应回归方程及分析结果

响应值	响　应　方　程	F 值	P 值	R^2
SV	$SV = 112.09 - 8.27A + 4.25B + 0.206C - 1.1AB -$ $0.0017AC + 0.033BC + 0.225A^2 + 4.5B^2 - 0.00045C^2$	18.97	0.0010	0.9682
CST	$CST = 52.6 - 3.35A - 8.44B - 0.012C + 0.21AB -$ $0.0013AC + 0.031BC + 0.065A^2 + 2.38B^2 - 0.0000028C^2$	51.45	0.0012	0.9918
含水率	含水率 $= 88.72 - 2.53A - 6.23B + 0.0420C - 0.607AB +$ $0.002AC + 0.047BC + 0.062A^2 + 3.7B^2 - 0.00029C^2$	2.48	0.1450	0.8911

2. 响应曲面三维图

　　与 AMPACS 的响应曲面相同,利用碱改性聚铝废渣响应曲面得出相应的响应方程,控制其中某一变量的数值,改变其余两个变量以探究这两个变量对污泥脱水性能参数的综合影响,以此讨论某两个因素间的联系及综合影响效果。

　　图 2-31 显示的分别是当颗粒粒径为 150 μm、氢氧化钙浓度为 1.41 mol/L、聚氯废渣投加量为 22.89 g/L 时，不同因素组合，即投加量＋氢氧化钙浓度、投加量＋颗粒粒径、氢氧化钙浓度＋颗粒粒径，对调理后污泥 SV 的影响。结果显示，在条件为设定范围内时，污泥 SV 在 43％～64％范围内波动。投加量是对污泥 SV 影响最大的因素，污泥 SV 与聚铝废渣投

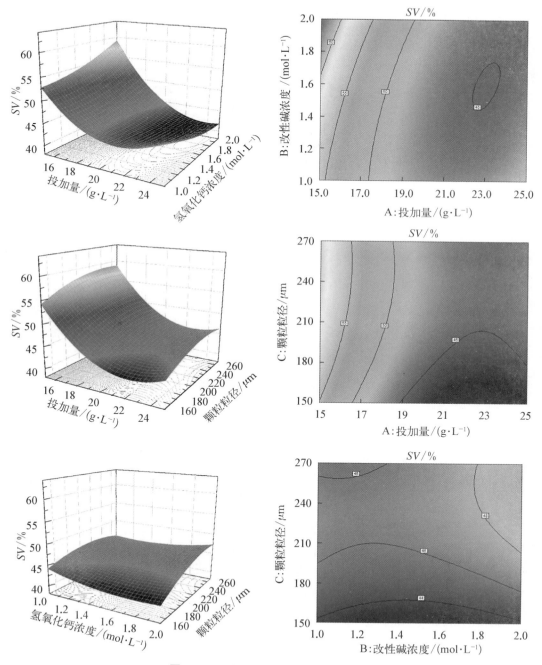

图 2-31　以 SV 为响应值的响应曲面

加量成反比,这意味着投加量越大污泥沉降性能越好。此外,氢氧化钙浓度和颗粒粒径对污泥 SV 的影响较小。忽略其他污泥脱水效果仅看污泥的 SV,最佳的条件为:投加量为 22.68 g/L、氢氧化钙浓度为 1.36 mol/L、颗粒粒径为 150 μm,结果预测污泥 SV 为 42.24%。

图 2-32 显示的分别是当颗粒粒径为 150 μm、氢氧化钙浓度为 1.41 mol/L、聚氯废

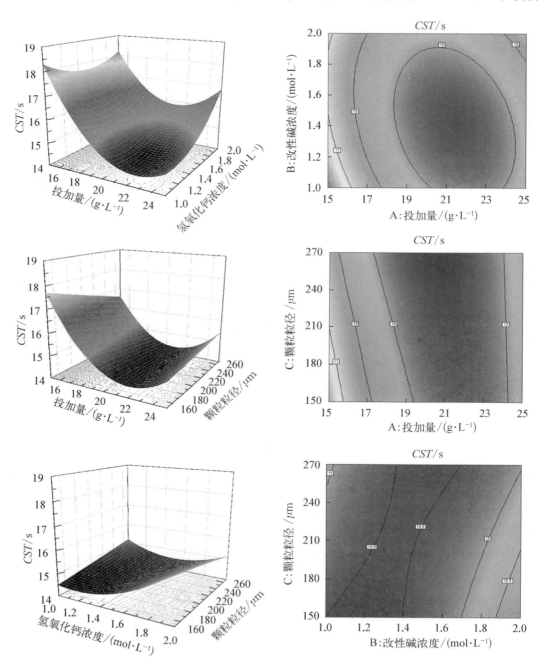

图 2-32　以 CST 为响应值的响应曲面

渣投加量为 22.89 g/L 时，不同因素组合，即投加量＋氢氧化钙浓度、投加量＋颗粒粒径、氢氧化钙浓度＋颗粒粒径，对调理后污泥 CST 的影响。结果显示，投加量是对污泥 CST 影响最大的因素，污泥的 CST 与投加量成反比，且在参考范围内存在最低值，这意味着投加量越大污泥透水性能越好。此外，颗粒粒径与污泥 CST 成正比。忽略其他污泥脱水效果仅看污泥的 CST，最佳的条件为：投加量为 22.38 g/L、氢氧化钙浓度为 1.24 mol/L、颗粒粒径为 150 μm，结果预测污泥 CST 为 14.41 s。

图 2-33 显示的分别是当颗粒粒径为 150 μm、氢氧化钙浓度为 1.41 mol/L、聚氯废渣投加量为 22.89 g/L 时，不同因素组合，即投加量＋氢氧化钙浓度、投加量＋颗粒粒径、氢氧化钙浓度＋颗粒粒径，对调理后污泥含水率的影响。结果显示，污泥经 BMPACS 调理过后，含水率介于 58.44％～71.32％之间，其中聚氯废渣投加量对含水率影响最大，其次是聚氯废渣的颗粒粒径。投加量与含水率成反比，颗粒粒径与含水率成正比，这意味着投加量越大、废渣粉末越细，调理后污泥含水率越低。忽略其他污泥脱水效果仅看含水率，最佳的条件为：投加量为 23.04 g/L、氢氧化钙浓度为 1.44 mol/L、颗粒粒径为 150 μm，结果预测含水率为 58.44％。

结合图 2-31、图 2-32 和图 2-33 可以看出，利用 BMPACS 调理污泥时，在污泥脱水效果的影响因素中，聚铝废渣投加量的影响最大，其次为颗粒粒径；投加量与颗粒粒径联合作用时对污泥的调理效果影响最大，颗粒粒径和氢氧化钙浓度联合作用时影响最小。将污泥脱水效果参考值 SV、CST 和含水率按 2∶2∶3 的比例赋以权重，模拟预测最佳条件：投加量为 22.89 g/L、氢氧化钙浓度为 1.41 mol/L、颗粒粒径为 150 μm，结果预测污泥 SV 为 42.11％、CST 为 14.56 s、含水率为 58.56％。

将利用 BMPACS 对污泥进行调理后，实际得出污泥 SV、CST 和含水率数据，与响应方程计算结果进行比对，结果显示，实测值 SV、CST 和含水率与预测值相差不超过 5％，该响应方程能较好地表示实际实验结果（表 2.17）。

表 2.17 预测值、实际值及两者比值

序号	A	B	C	SV/％			CST/s			含水率/％		
				a	b	c	a	b	c	a	b	c
1	20	1.50	150	45	43	3.7	14.7	14.9	−1.0	62.3	59.8	4.2
2	15	1.50	150	56	55	2.1	18.3	17.7	3.3	64.5	64.7	0.3
3	20	2.00	170	48	50	−3.0	15.8	15.3	3.3	62.0	64.9	4.4
4	25	1.00	270	46	48	−3.4	15.7	15.9	−1.0	60.2	62.3	3.4
5	22.7	1.36	150	44	42	4.2	14.8	14.5	2.1	59.8	58.7	1.7

注：A 为投加量（g/L），B 为碱改性浓度（mol/L），C 为颗粒粒径（μm）；表中 a 代表为实际测量值，b 为模型预测值，c 为实际值与预测值间的误差百分比（％）

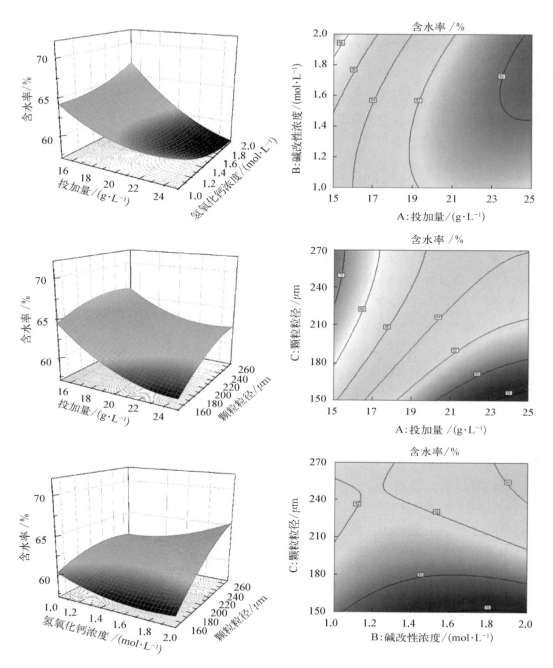

图 2 - 33　以含水率为响应值的响应曲面

2.4.4　小结

用污泥调理后的 SV、含水率和 CST 作为调理效果的参考值,通过对 AMPACS 和 BMPACS 的改性和投加条件进行正交实验,结果显示,4 个改性、投加条件中,聚铝废渣的投加量对污泥脱水效果影响最大,改性时间对污泥脱水效果影响最小。同时,利用正交实验也可从实验组中,得出污泥脱水效果较好的聚铝废渣改性与投加条件组合。

利用响应曲面法对聚铝废渣的投加量、酸/碱改性浓度和颗粒粒径进行更进一步的优化分析,分析结果显示:投加量对污泥调理脱水效果的影响最大,当考虑两个因素联合作用时,投加量与酸/碱改性浓度联合作用,对污泥调理后的 SV、含水率和 CST 影响最大。

利用响应曲面多元二次方程对 AMPACS 和 BMPACS 的调理效果进行预测,结果显示,用 AMPACS 调理污泥的最佳条件:投加量为 7 g/L、硫酸浓度为 30% 和颗粒粒径为 270 μm,预测调理后污泥 SV 为 80.4%、CST 为 12.94 s 和含水率为 73.91%;用 BMPACS 调理的最佳条件:投加量为 22.69 g/L、碱浓度为 1.36 mol/L 和颗粒粒径为 150 μm,预测污泥调理后的 SV 为 42.25%、CST 为 14.5 s 和含水率为 58.76%。

主要参考文献

[1]　中国生态环境状况公报[EB]. https://www.mee.gov.cn/hjzl/sthjzk/.

[2]　Yang G, Zhang G, Wang H. Current state of sludge production, management, treatment and disposal in China[J]. Water Research, 2015, 78: 60 - 73.

[3]　Feng L Y, Luo J Y, Chen Y G. Dilemma of sewage sludge treatment and disposal in china[J]. Environmental Science & Technology, 2015, 49(8): 4781 - 4782.

[4]　中国环境报.水污染防治行动计划[J].中国环保产业,2015,5: 4 - 12.

[5]　张永吉.改进污泥脱水性能的方法及机理[J].工业用水与废水,1981(3): 18 - 40.

[6]　Kim J, Yu Y, Lee C. Thermo-alkaline pretreatment of waste activated sludge at low-temperatures: effects on sludge disintegration, methane production, and methanogen community structure[J]. Bioresource Technology, 2013, 144: 194 - 201.

[7]　Zielińska, Anna, Oleszczuk P. Evaluation of sewage sludge and slow pyrolyzed sewage sludge-derived biochar for adsorption of phenanthrene and pyrene[J]. Bioresource Technology, 2015, 192: 618 - 626.

[8]　Fan N, Qi R, Yang M. Isolation and characterization of a virulent bacteriophage infecting Acinetobacter johnsonii, from activated sludge[J]. Research in Micro-biology, 2017, 168(5): 472 - 481.

[9]　Qi Y, Szendrak D, Yuen R T W, et al. Application of sludge dewatered products to soil and its effects on the leaching behaviour of heavy metals[J]. Chemical Engineering Journal, 2011, 166(2): 586 - 595.

[10]　Venkatesan A K. Done H Y. Halden R U. United States National Sewage Sludge Repository at Arizona State University—a new resource and research tool for environmental scientists, engineers, and epidemiologists[J]. Environmental Science and Pollution Research, 2015, 22(3): 1577 - 1586.

[11]　Raheem A, Sikarwar V S, He J, et al. Opportunities and challenges in sustainable treatment and resource reuse of sewage sludge: a review[J]. Chemical Engineering Journal, 2018, 337: 616 - 641.

[12]　Sidhu J P S, Ahmed W, Palmer A, et al. Optimization of sampling strategy to determine

pathogen removal efficacy of activated sludge treatment plant[J]. Environmental Science and Pollution Research, 2017.

[13] Shao J G, Yuan X Z, Leng L J, et al. The comparison of the migration and transformation behavior of heavy metals during pyrolysis and liquefaction of municipal sewage sludge, paper mill sludge, and slaughterhouse sludge[J]. Bioresource Technology, 2015, 198: 16 - 22.

[14] Rulkens W. Sewage sludge as a biomass resource for the production of energy: overview and assessment of the various options[J]. Energy & Fuels, 2008, 22(1): 9 - 15.

[15] Yin X, Han P F, Lu X P, et al. A review on the dewaterability of bio-sludge and ultrasound pretreatment[J]. Ultrasonic Sonochemistry, 2004, 11(6): 337 - 348.

[16] To V H P, Nguyen T V, Vigneswaran S, et al. Modified centrifugal technique for determining polymer demand and achievable dry solids content in the dewatering of anaerobically digested sludge[J]. Desalination and Water Treatment, 2016: 1 - 11.

[17] 肖文平.城市污泥干化与焚烧技术研究[D].南京:南京大学,2011.

[18] Heukelekian H, Weisberg E. Bound water and activated sludge bulking[J]. Sewage & Industrial Wastes, 1956, 28(4): 558 - 574.

[19] Tsang K R, Vesilind P A. Moisture distribution in sludges[J]. Water Science and Technology, 1990, 22(12): 135 - 142.

[20] 赵丽君,张大群,陈宝柱.污泥处理与处置技术的进展.中国给水排水,2001,17(6): 23 - 25.

[21] To V H P, Nguyen T V, Vigneswaran S, et al. A review on sludge dewatering indices[J]. Water Science & Technology, 2016, 74(1): 1 - 16.

[22] 何品晶.城市污泥处理与利用[M].北京:科学出版社,2003.

[23] Henrik B N, Thygesen A, Thomsen A B, et al. Anaerobic digestion of waste activated sludge-comparison of thermal pretreatments with thermal inter-stage treatments[J]. Journal of Chemical Technology & Biotechnology, 2011, 86(2): 8.

[24] Ren W, Zhou Z, Jiang L M, et al. A cost-effective method for the treatment of reject water from sludge dewatering process using supernatant from sludge lime stabilization[J]. Separation and Purification Technology, 2015, 142: 123 - 168.

[25] Skinner S J, Studer L J, Dixon D R, et al. Quantification of wastewater sludge dewatering[J]. Water Research, 2015, 82: 2 - 13.

[26] Zhang W, Yang P, Yang X, et al. Insights into the respective role of acidification and oxidation for enhancing anaerobic digested sludge dewatering performance with fenton process [J]. Bioresource Technology, 2015, 181: 247 - 253.

[27] 吴雪茜,郭中权,毛维东.生活污水处理厂污泥浓缩技术研究进展[J].能源环境保护,2017(6): 5 - 8.

[28] 苗兆静.污泥调理中调质条件对污泥脱水性能的影响[D].武汉:武汉理工大学,2005,9.

[29] 韩中云.中小污水处理厂初沉污泥脱水技术的研究[D].郑州:华北水利水电学院,2006,5.

[30] Chu C P, Lee D J. Experimental analysis of centrifugal dewatering process of polyelectrolyte flocculated waste activated sludge[J]. Water Research, 2001, 35(10): 2377 - 2384.

[31] 王海攀,周兴求,伍健东,等. Fenton-like 试剂联合 PFS 对污泥脱水性能影响的过程研究[J].环境工程,2017(3).

[32] Wang H F, Wang H J, Hu H, et al. Applying rheological analysis to understand the mechanism of polyacrylamide (PAM) conditioning for sewage sludge dewatering [J]. RSC

Advances. 2017，7(48)：30274 - 30282.

[33] 李澜，谷晋川，张德航，等.壳聚糖与硅藻土调理市政污泥[J].土木建筑与环境工程，2017，39(1)：140 - 146.

[34] Huang P，Ye L. Enhanced dewatering of waste sludge with polyacrylamide/montmorillonite composite and its conditioning mechanism[J]. Journal of Macromolecular Science，Part B，2014，53(9)：1465 - 1476.

[35] Cao B，Zhang W，Wang Q，et al. Wastewater sludge dewaterability enhancement using hydroxyl aluminum conditioning：Role of Aluminum Speciation[J]. Water Research，2016，105：615 - 624.

[36] Zhang W，Chen Z，Cao B，et al. Improvement of wastewater sludge dewatering performance using titanium salt coagulants (TSCs) in combination with magnetic nano-particles：significance of titanium speciation[J]. Water Research，2017，110：102 - 111.

[37] Yan M，Prabowo B，He L，et al. Effect of inorganic coagulant addition under hydrothermal treatment on the dewatering performance of excess sludge with various dewatering conditions[J]. Journal of Material Cycles & Waste Management，2016：1 - 9.

[38] Samolada M C，Zabaniotou A A. Potential application of pyrolysis for the effective valorisation of the end of life tires in Greece[J]. Environmental Development，2012，4：73 - 87.

[39] Deublein D，Steinhauser A. Biogas from waste and renewable resources：an introduction[M]. WILEY-VCH，2011.

[40] 姜玲玲，孙苏.我国污泥处理处置现状及发展趋势分析[J].环境卫生工程，2015，23(3)：13 - 14.

[41] Nges I A，Liu J. Effects of solid retention time on anaerobic digestion of dewatered-sewage sludge in mesophilic and thermophilic conditions[J]. Renewable Energy，2010，35(10)：2200 - 2206.

[42] Ding H H，Chang S，Liu Y. Biological hydrolysis pretreatment on secondary sludge：enhancement of anaerobic digestion and mechanism study[J]. Bioresour Technol，2017，244(Pt 1)：989 - 995.

[43] Dai X，Li X，Zhang D，et al. Simultaneous enhancement of methane production and methane content in biogas from waste activated sludge and perennial ryegrass anaerobic co-digestion：the effects of pH and C/N ratio[J]. Bioresource Technology，2016，216：323 - 330.

[44] Kelessidis A，Stasinakis A S. Comparative study of the methods used for treatment and final disposal of sewage sludge in European countries[J]. Waste Management，2012，32(6)：0 - 1195.

[45] Małgorzata K，Neczaj E，Krzysztof F，et al. Sewage sludge disposal strategies for sustainable development[J]. Environmental Research，2017，156：3946.

[46] Werle S，Wilk R K. A review of methods for the thermal utilization of sewage sludge：The Polish perspective[J]. Renewable Energy，2010，35(9)：1914 - 1919.

[47] Chen P，Xie Q L，Min A，et al. Utilization of municipal solid and liquid wastes for bioenergy and bioproducts production[J]. Bioresource Technology，2016，215(30)：163 - 172.

[48] Ferrasse J H，Seyssiecq I，Roche N. Thermal gasification：a feasible solution for sewage sludge valorisation[J]. Chemical Engineering & Technology，2003，26(9)：941 - 945.

[49] Samolada M C，Zabaniotou A A. Comparative assessment of municipal sewage sludge incineration，gasification and pyrolysis for a sustainable sludge-to-energy management in Greece [J]. Waste Management，2014，34(2)：411 - 420.

[50] Cao Y，Artur P. Life cycle assessment of two emerging sewage sludge-to-energy systems：evaluating energy and greenhouse gas emissions implications[J]. Bioresource Technology，2013，127(1)：81 - 91.

[51] Jin L, Zhang G, Tian H. Current state of sewage treatment in China[J]. Water Research, 2014, 66: 85 - 98.

[52] Xiao Z H, Yuan X Z, Jiang L B, et al. Energy recovery and secondary pollutant emission from the combustion of co-pelletized fuel from municipal sewage sludge and wood sawdust[J]. Energy, 2015, 91: 441 - 450.

[53] Barbosa R, Lapa N, Boavida D, et al. Co-combustion of coal and sewage sludge: chemical and ecotoxicological properties of ashes[J]. Journal of Hazardous Materials, 2009, 170 (2 - 3): 902 - 909.

[54] Agrafioti E, Bouras G, Kalderis D, et al. Biochar production by sewage sludge pyrolysis[J]. Journal of Analytical and Applied Pyrolysis, 2013, 101: 72 - 78.

[55] Li L. Application of anaerobic digestion in sludge disposal: current situation and trends[J]. China Environ Protect 2013, 8, 57 - 59.

[56] Xin D, Chai X, Zhao W. Hybrid cement-assisted dewatering, solidification and stabilization of sewage sludge with high organic content[J]. Journal of Material Cycles and Waste Management, 2016, 18(2): 356 - 365.

[57] He D Q, Luo H W, Huang B C, et al. Enhanced dewatering of excess activated sludge through decomposing its extracellular polymeric substances by a Fe@Fe$_2$O$_3$-based composite conditioner [J]. Bioresource Technology, 2016, 218: 526 - 532.

[58] Tang A, Su L, Li C, et al. Effect of mechanical activation on acid-leaching of kaolin residue[J] Applied Clay Science, 2010, 48(3): 296 - 299.

[59] 王静,宋存义,孙文亮,等.添加粉煤灰对污泥比阻影响的研究[J].环境污染治理技术与设备, 2006,7(3): 65 - 67.

[60] 唐嘉丽,郭高飞.生活污水厂剩余污泥化学调质药剂的比选[J].环境科技.2012,25(6): 25 - 27.

[61] Li H, Wen Y, Cao A, et al. The influence of additives (Ca^{2+}, Al^{3+}, and Fe^{3+}) on the interaction energy and loosely bound extracellular polymeric substances (EPS) of activated sludge and their flocculation mechanisms.[J] Bioresource Technology. 2012, 114: 188 - 194.

[62] Higgins M J, Tom L A, Sobeck D C. Case study I: application of the divalent cation bridging theory to improve biofloc properties and industrial activated sludge system performance — direct addition of divalent cations. [J] Water Environment Research, 2004; 76: 344 - 352.

[63] Zhang X, Kang H, Zhang Q, et al. The porous structure effects of skeleton builders in sustainable sludge dewatering process[J]. Journal of Environmental Management, 2019, 230: 14 - 20.

[64] Yu Y, Wei H, Yu Y, et al. Influence of calcium compounds as a compression framework on activated sludge dewaterability andcalorific value. [J] Environmental Technology, 2018, 39: 1025 -1031.

[65] Wu Y, Zhang P, Zeng G, et al. Enhancing sewage sludge dewaterability by a skeleton builder: biochar produced from sludge cake conditioned with rice husk flour and FeCl$_3$[J]. ACS Sustainable Chemistry & Engineering, 2016, 4(10): 5711 - 5717.

[66] Albertson O E, Kopper M. Fine-coal-aided centrifugal dewatering of waste activated sludge[J]. Water Pollution Control Federation, 1983, 55(2): 145 - 156.

[67] Shi Y, Yang J, Yu W, et al. Synergetic conditioning of sewage sludge via Fe^{2+}/persulfate and skeleton builder: Effect on sludge characteristics and dewaterability[J]. Chemical Engineering Journal, 2015, 270: 572 - 581.

［68］ Wang B，Xia J，Mei L，et al. Highly efficient and rapid lead（Ⅱ）scavenging by the natural Artemia eyst shell with unique three-dimensional porous structure and strong sorption affinity［J］. ACS Sustainable Chemistry & Engineering，2018，6(1)：1343 - 1351.

［69］ 徐文迪，常沙.基于过氧化钙（CaO₂）的类芬顿污泥预处理技术研究［J］.环境工程，2018，36(7)：117 - 122.

［70］ Liu H，Yang J，Zhu N，et al. A comprehensive insight into the combined effects of Fenton's reagent and skeleton builders on sludge deep dewatering performance［J］. Journal of Hazardous Materials，2013，258(258 - 259C)：144 - 150.

［71］ Bowerman B L. Statistical design and analysis of experiments：with applications to engineering and science［J］. Technometrics，2003，233(1)：105 - 106.

第 3 章
碱改性聚铝废渣应用于含镍废水的处理

3.1 含镍废水处理技术

3.1.1 重金属镍污染的来源与危害

　　随着经济快速的发展，重金属镍被广泛使用，从而产生了大量的含镍废水，若不及时处理，会对环境、动植物和人类造成严重危害。私自排放未达到国家排放标准的含镍废水，会导致重金属镍在土壤中富集，甚至经过食物链的传递作用，逐渐聚集在动植物体内，从而对生物体的新陈代谢过程和各组织器官造成严重损害，当人体摄入含有重金属镍的动植物，含量累积到一定程度时，可能会引发皮炎和胃肠道感染等症状。长时间处于含镍环境中，也可能会诱发过敏性皮炎、胃肠道不适等症状，严重时甚至会引发呼吸道癌、心血管疾病等的发生。镍，因此被认为是一种较强的致敏性诱因，可严重危害人类的身体健康。

　　镍的摄入途径是通过生物毛发等媒介进入人体内，在体内，镍能够与蛋白质结合，进而可能引发皮肤、胃肠道过敏反应，以及对肺细胞的损伤。更严重的情况是，镍的积累可能会增加呼吸道癌的发生风险。此外，镍在人体的多个器官，如肾脏、肝脏中积累，将对这些器官的正常功能造成严重影响。重金属镍的危害途径，如图 3-1 所示。

　　2017 年 10 月 27 日，世界卫生组织国际癌症研究机构公布的致癌物清单中，一类致癌物名单中出现了含镍化合物；2B 类致癌物名单中出现了金属铬等含镍合金。

　　由于重金属镍的大量使用，产生了含镍废水的污染问题，进而可能对

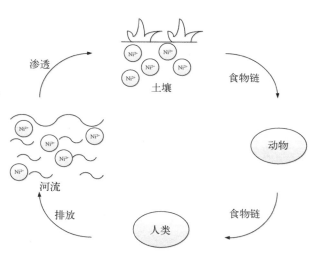

图 3-1　重金属镍的危害途径图

环境、生物和人类造成严重危害。人们需要采取有效措施来控制含镍废水的排放，并使用有效的方法来处理含镍废水，做到减量减排和合理排放。重金属镍废水的排放标准见表 3.1。

表 3.1　重金属镍废水排放标准表

名　　　称	镍限值/($mg \cdot L^{-1}$)
《电镀污染物排放标准》(GB 21900—2008)	1.0(新建设施) 0.5(已建设施) 0.1(特殊排放)
《铜、镍、钴工业污染物排放标准》(GB 25467—2010)	0.5
《污水排入城市下水道水质标准》(CJ 3082—1999)	1.0
《城镇污水处理厂污染物排放标准》(GB 18918—2002)	0.05(日均)

3.1.2　含镍废水处理技术进展

在重金属工业的废水中，镍是较难通过物理化学技术或生物修复方法修复的离子。现阶段，含镍废水的治理方法有以下类型：

1. 电解法

电解法可用于高浓度污染废水的治理，但工业使用中耗能较大。Jin 等[1]在利用电解法从含镍废水中回收镍的研究中发现，影响镍回收率的因素排名为：电压＞硼酸浓度＞pH＞废水中镍的浓度。

2. 化学沉淀法

化学沉淀法因操作简单而被广泛运用。在多种沉淀技术中，较为常见的有硫化物沉淀法、中和沉淀法和螯合沉淀法等。李乐卓等[2]选用中和沉淀与铁氧体联用法处理含镍废水，其原理如下：在投加碱性物质的情况下，各价态铁充分混合，与镍离子形成尖晶石型铁氧体，然后，进行固液分离。刘转年等[3]选用新型重金属螯合剂处理含镍废水，在 pH＝7 的条件下，对 Ni^{2+} 处理效果最佳，该螯合剂具有螯合和絮凝作用。

3. 生物处理法

生物处理法主要选用不同菌株对重金属离子进行去除。但由于培养相应菌种耗时长、难驯化，操作复杂等问题，较少用于大规模处理重金属废水中。微生物可以通过多种机制处理重金属离子，包括生物吸附法、生物絮凝法和生物化学法等。Vijayaraghavan 等[4]选用围氏马尾藻处理实际电镀废水，发现藻细胞内可能存在羧基和饱和胺(或饱和硫醇)，这些基团对镍进行生物吸附有利。Fawzy 等[5]选用篦齿眼子菜菌处理硫酸镍模拟废水，实验因素相对重要性排序为：Ni^{2+} 浓度＞pH＞

反应时间＞生物吸附剂量＞颗粒直径,其中羟基、脂肪族、羰基和羧酸基对 Ni^{2+} 的吸附有利,当 Ni^{2+} 含量为 50 mg/L,pH 为 5,生物吸附剂量为 10 g/L 时,吸附效率为 63.4%。

4. 离子交换法

离子交换法具有吸附和离子交换两种作用。陆继来等[6]选用离子交换法处理含镍废水,其中,选用的交换剂是离子交换树脂,呈强酸性。其工作原理为:废水中 Ni^{2+} 与树脂中的 H^+ 进行交换,Ni^{2+} 被吸附至树脂上,从而被去除 Ni^{2+}。

5. 膜分离法

武延坤等[7]选用具有耐酸碱等特点的无机陶瓷膜处理五金厂排放的实际含镍电镀废水,通过调节 pH 至 9.5、短流程技术预处理、添加曝气装置减缓膜污染,出水中 Ni^{2+} 浓度在 0.1 mg/L 以下。

6. 溶剂萃取法

李长平等[8]用自制离子液体作为萃取剂,在添加螯合剂、pH＞6 的条件下,对 Ni^{2+} 的去除率达到了 90%。

7. 吸附法

Es-sahbany 等[9]选用天然黏土作为吸附剂处理含 Ni^{2+} 的模拟废水,考察优化吸附参数有搅拌时间、黏土质量、搅拌速率、Ni^{2+} 浓度和 pH。Wei 等[10]选用磁性氧化石墨烯与凹凸棒复合吸附剂处理含镍废水,pH 是影响 Ni^{2+} 去除率的主要影响因素,pH 为 5 时 Ni^{2+} 吸附量为 190.8 mg/g,吸附过程是自发放热反应。周笑绿等[11]采用改性粉煤灰处理实际电镀废水,当 pH＜7 时,以吸附作用为主;当 pH 逐渐增大时,以沉淀作用为主,当 pH＝10 时,对 Ni^{2+} 的去除率达到了 100%。王保成等[12]选用活化的膨润土处理含镍废水,反应进行 60 min 后,对 Ni^{2+} 的去除率可达 99% 以上,高温焙烧可提高膨润土的吸附量。罗芳旭等[13]选用膨润土结合聚丙烯酰胺吸附-絮凝技术处理含镍废水,通过两者协同作用,当 pH＝8.5 时,对 Ni^{2+} 的去除率达到了 98.1%,且沉淀时间短,易于固液分离。于瑞莲等[14]选用实验室制备的球形膨润土处理低浓度含镍废水,在 pH＝5、反应温度为 25 ℃、吸附时间为 25 min 的条件下,对 Ni^{2+} 的去除率达 97.6%,且使用后的膨润土小球可再生循环使用。李蕊等[15]利用碳酸钙、硫酸和黏土对粉煤灰复合改性,提高了粉煤灰对 Ni^{2+} 的去除率,研究发现,升高温度有利于 Ni^{2+} 的去除,最佳 pH 为 6,若废水中存在 Zn^{2+}、Cu^{2+} 对 Ni^{2+} 会有竞争吸附作用,从而导致 Ni^{2+} 的去除率降低。

相较于其他处理含镍废水的方法,吸附法操作简单、成效快,不易产生二次污染。吸附剂的选用是研究人员关注的重点,寻找一种价格低廉、处理效果好的吸附剂,一直以来都是实验探究的重要目标之一。含镍废水处理技术的分类如图 3-2 所示,其优缺点如表 3.2 所示。

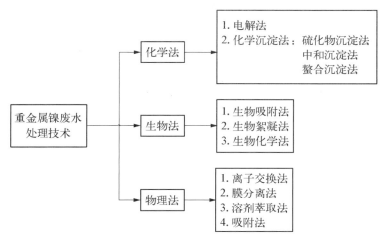

图 3 - 2　含镍废水部分处理技术分类

表 3.2　重金属镍废水部分处理技术比较表

方　法	优　点	缺　点
电解法	占地面积小、不易产生二次污染	能耗大、成本高
化学沉淀法	操作简单、适合处理高浓度污染废水	成本高、污泥量大
生物处理法	绿色环保	微生物难驯化、耗时长、操作复杂
离子交换法	处理效果稳定	材料再生操作复杂
膜分离法	选择性广	膜材料寿命短、价格贵、易受污染
溶剂萃取法	操作简单、有机溶剂可再生	容易产生二次污染
吸附法	操作简单、用时短	价格不定

3.2　吸附行为分析

通过吸附动力学、吸附等温线和吸附热力学进行吸附性能的探讨。

3.2.1　吸附动力学

吸附动力学是研究物质被吸附剂（如活性炭、分子筛等）吸附过程中的速率和机理的科学，关注的是在不同时间段内，吸附剂对物质的吸附速率是如何变化的。通过观察和分析吸附速率随时间的变化关系，可以了解吸附过程的快慢，以及影响吸附效果的各种因素，如温度、压力、吸附剂的性质和被吸附物质的特性等。常见的动力学吸附模型有准一级动力学模型[16]、准二级动力学模型[17]、Weber - Morris 内扩散模型[18]、Elovich 模型[19]和膜扩散传质模型[20]。通过准一级动力学模型和准二级动力学模型相关性比较,可以明确,当方程符合准二级动力学方程时,吸附剂对某种特定污染物的吸附被认为以化学吸附为主。利用 Weber - Morris 内扩散模型可以判断吸附速率的控制机制,即是由膜扩散方式、内扩散方式控制还是由两者联合控制的。Elovich 模型方程则适用于非均相扩散过程,吸附剂表面吸附量越大,吸附速率越小。

3.2.2　吸附等温线

等温吸附是指在温度一定的情况下,吸附达到平衡时,考察平衡浓度和吸附剂饱和吸附量之间的联系。Langmuir[21]方程和 Freundlich[22]方程是常见的两种吸附等温方程。

Langmuir 吸附等温线模型,假设吸附过程是单分子层吸附,吸附剂吸附位点均匀,吸附质无相互作用,吸附过程是一个动态平衡过程。Freundlich 吸附等温线模型,可以表示吸附剂表面不均匀的吸附过程,比较适用于低浓度反应条件。通过 Langmuir 方程和 Freundlich 方程相关性比较,可以明确,当方程符合 Freundlich 方程时,吸附剂对某种特定污染物的吸附属于多层吸附,反之属于单层吸附。

3.2.3　吸附热力学

温度在吸附过程中起着重要作用,温度的变化对吸附反应的影响由热力学参数,如吉布斯自由能 ΔG、熵变 ΔS 和焓变 ΔH 等参数表示。当 ΔG 小于零时,吸附剂对污染物的吸附是自发进行的,反之为非自发进行;当 ΔH 大于零时,吸附剂对污染物的吸附过程属于吸热反应,反之为放热反应;ΔS 大于零,表明在吸附过程中固/液界面的无规性增加,反之表明界面处的结构和性质更有序[23]。

Li 等[24]选用纳米介孔泡沫二氧化硅作为除镍吸附剂,吸附过程符合准二级动力学模型,属于 Freundlich 吸附类型。吸附热力学结果表明,当温度在 25～45 ℃之间时,吸附过程是自发放热反应。Ferella 等[25]将合成沸石作为吸附剂,去除酸性溶液中的 Ni^{2+}、Cu^{2+} 和 Zn^{2+},Langmuir 吸附等温线与实验数据更贴合。Almeida 等[26]选用甘蔗渣纤维素琥珀酸酯偏苯三酸酯作为吸附剂,去除 Co^{2+} 和 Ni^{2+},吸附过程符合准二级动力学模型。Gupta 等[27]选用 Na_2CO_3 改性的芦荟叶作为除镍吸附剂,吸附过程符合吸附动力学中的准二级动力学模型,即化学吸附为主,并符合吸附等温线中的 Langmuir 等温线模型。Tabatabaeefar 等[28]使用一种新型的聚乙烯醇/藻酸盐/沸石纳米复合吸附剂,从水溶液中去除水溶液中的 Ni^{2+} 和 Co^{2+},其中,双指数模型很好地描述了吸附过程的动力学,Langmuir 等温线模型拟合数据比 Freundlich 模型更好,此外,负自由能值和正熵变值也表明了吸附过程的自发性和吸热性。Sohail 等[29]选用树枝状聚合物除镍,实验数据最适合准一级动力学模型,反应更倾向于物理吸附且与 Freundlich 等温线具有良好的相关性。

Ayala 等[30]使用废咖啡渣去除采矿垃圾渗滤液中的 Zn^{2+}、Cd^{2+} 和 Ni^{2+},Langmuir 等温线最适合未洗涤废咖啡渣的实验数据。Su 等[31]选用硝酸改性活性炭处理含镍废水,当 $6.5<pH<7.5$,吸附饱和时间为 120 min 时,吸附过程符合准二级动力学模型。Dehghani 等[32]选用改性废纸去除水溶液中的 Ni^{2+},镍去除过程符合 Langmuir 等温线模型,且基于负自由能值和正熵变值,确定 Ni^{2+} 吸附过程具有自发性和吸热性。Fan 等[33]选用羊栖菜作为吸附剂去除 Ni^{2+},拟合结果更符合 Langmuir 模型,焓变和熵变分别为 3.95 kJ/mol 和 20.28 J/(mol·K^{-1}),这表明吸附过程是自发进行的且吸附过程中吸收热量。Liu 等[34]选用 $Fe_3O_4@CaSiO_3$ 作为吸附剂去除水中的金属离子,吸附过程都是自发吸热过程,在物理吸附、化学吸附和离子交换过程中,化学吸附是主要的吸附机制。Wu 等[35]选用纳米壳质磁性壳聚糖微纤维作为吸附剂去除水溶液中的 Ni^{2+},吸附过程符合 Langmuir 等温线模型和准二级动力学模型。吸附性能研究模型汇总,如表 3.3 所示。

表 3.3　吸附性能研究模型一览表

类　型	模　型	特　性
吸附动力学	准一级动力学模型	物理吸附
	准二级动力学模型	化学吸附
	Weber-Morris 内扩散模型	判断吸附速率是由膜扩散方式、内扩散方式控制还是两者联合控制
	Elovich 模型	适用于非均相扩散过程
	膜扩散传质模型	适用于内扩散过程
吸附等温线	Langmuir 吸附等温线模型	单层吸附
	Freundlich 吸附等温线模型	多层吸附
吸附热力学	$\Delta G = \Delta H - T\Delta S$	$\Delta G < 0$,自发反应;$\Delta G > 0$,非自发反应
		$\Delta H < 0$,放热反应;$\Delta H > 0$,吸热反应
		$\Delta S > 0$,固/液界面的无规性增加

3.3　实验材料与方法

本实验所用聚铝废渣与第 2 章中实验所用来源相同,原聚铝废渣呈固液混合态,含浮油,无明显颗粒物,烘干后固体呈酸性,pH 约为 3.84。将聚铝废渣置于 105 ℃的电热恒温鼓风干燥箱中烘干,随后,研磨过 100 目筛分,密封保存于干燥皿中备用。

3.3.1　聚铝废渣改性方法

碱改性聚铝废渣(BMPACS)的制备方法:用电子天平称取 20 g 原聚铝废渣置于

500 mL烧杯中,倒入 200 mL 二次水。将装有聚铝废渣和水的烧杯放在磁力搅拌器上,在一定转速下用 pH 计测聚铝废渣的 pH,并缓慢匀速倒入氢氧化钙饱和溶液,直至 pH 分别为 7、8、9、10、11 时停止。获得的吸附剂 pH 如表 3.4 和图 3-3 所示。

表 3.4　聚铝废渣 pH 一览表

样品	PACS	BMPACS (pH=7)	BMPACS (pH=8)	BMPACS (pH=9)	BMPACS (pH=9.5)	BMPACS (pH=10)	BMPACS (pH=11)
pH	3.84	3.88	3.96	4.36	5.66	7.02	7.61

图 3-3　碱改性聚铝废渣

用循环水真空泵抽滤碱改性聚铝废渣,滤饼出现裂纹后 1 min 内不滴水,表明碱改性聚铝废渣抽滤完成。再将抽滤后的碱改性聚铝废渣置于 105 ℃的烘箱中烘干,研磨后经 100 目筛分,密封置于干燥皿中备用。

3.3.2　含镍废水的处理

含镍废水的处理方法:按不同浓度称取相应质量的六水合硫酸镍,配制模拟含镍废水,用 0.1 mol/L NaOH 和 0.1 mol/L H_2SO_4 调节废水的 pH。按原聚铝废渣和碱改性聚铝废渣的投加量、反应温度和时间、Ni^{2+} 废水初始 pH 和浓度进行实验。在相应时间点各取 6 mL 反应后的水样,用直径为 0.45 μm 的膜过滤,使用紫外分光光度仪测水样的吸光度。

1. 投加量对除镍效果的影响

BMPACS(pH=11)除镍:分别取 6 份 100 mL 浓度为 40 mg/L 的模拟含镍废水于

250 mL 烧杯中,使用 0.1 mol/L NaOH 和 0.1 mol/L H_2SO_4 调节溶液至 pH 为 5,将烧杯置于集热式磁力加热搅拌器中,分别投加 0.1 g、0.3 g、0.5 g、1.0 g、3.0 g 和 5.0g BMPACS(pH=11),在相同转速、反应温度为 60 ℃下,覆保鲜膜反应 90 min,在相应时间点各取 6 mL 反应后水样,经直径为 0.45 μm 的膜过滤后,使用紫外分光光度仪测定吸光度。

2. 初始 pH 对除镍效果的影响

BMPACS(pH=11)除镍:分别取 5 份 100 mL 浓度为 40 mg/L 的模拟含镍废水于 250 mL 烧杯中,使用 0.1 mol/L NaOH 和 0.1 mol/L H_2SO_4 分别调节溶液初始 pH 为 3、4、5、7 和 8,将烧杯置于集热式磁力加热搅拌器中,在相同转速、BMPACS(pH=11)投加量为 1 g、反应温度 60 ℃下,覆保鲜膜反应 90 min,在相应时间点各取 6 mL 反应后水样,经直径为 0.45 μm 的膜过滤后,使用紫外分光光度仪测定吸光度。

3. 浓度对除镍效果的影响

BMPACS(pH=11)除镍:分别取 5 份 100 mL 浓度分别为 20 mg/L、40 mg/L、100 mg/L、150 mg/L 和 200 mg/L 的模拟含镍废水于 250 mL 烧杯中,使用 0.1 mol/L NaOH 和 0.1 mol/L H_2SO_4 调节溶液至 pH 为 5,将烧杯置于集热式磁力加热搅拌器中,在相同转速、BMPACS(pH=11)投加量为 1 g、反应温度 60 ℃下,覆保鲜膜反应 90 min,在相应时间点各取 6 mL 反应后水样,经直径为 0.45 μm 的膜过滤后,使用紫外分光光度仪测定吸光度。

4. 温度对除镍效果的影响

BMPACS(pH=11)除镍:分别取 5 份 100 mL 浓度为 40 mg/L 的模拟含镍废水于 250 mL 烧杯中,使用 0.1 mol/L NaOH 和 0.1 mol/L H_2SO_4 调节溶液至 pH 为 5,将烧杯置于集热式磁力加热搅拌器中,分别调节温度为 25 ℃、30 ℃、45 ℃、60 ℃ 和 90 ℃,在相同转速、BMPACS(pH=11)投加量为 1 g 下,覆保鲜膜反应 90 min,在相应时间点各取 6 mL 反应后水样,经直径为 0.45 μm 的膜过滤后,使用紫外分光光度仪测定吸光度。

5. 反应时间对除镍效果的影响

BMPACS(pH=11)除镍:分别取 5 份 100 mL 浓度为 40 mg/L 的模拟含镍废水于 250 mL 烧杯中,使用 0.1 mol/L NaOH 和 0.1 mol/L H_2SO_4 调节溶液至 pH 为 5,将烧杯置于集热式磁力加热搅拌器中,在相同转速、BMPACS(pH=11)投加量为 1 g、反应温度 60 ℃下,覆保鲜膜分别反应 3 min、5 min、10 min、20 min 和 60 min,在相应时间点各取 6 mL 反应后水样,经直径为 0.45 μm 的膜过滤后,使用紫外分光光度仪测定吸光度。

6. 吸附动力学实验

BMPACS(pH=11)除镍:取 100 mL 浓度为 40 mg/L 的模拟含镍废水于 250 mL 烧杯中,使用 0.1 mol/L NaOH 和 0.1 mol/L H_2SO_4 调节溶液至 pH 为 5,将烧杯置于集热式磁力加热搅拌器中,在相同转速、BMPACS(pH=11)投加量为 1 g、反应温度 60 ℃下,覆保鲜膜反应,定时各取 6 mL 反应后水样,经直径为 0.45 μm 的膜过滤后,使用紫外分光光度仪测定吸光度。

7. 吸附等温线实验

BMPACS(pH＝11)除镍：取 100 mL 浓度分别为 100 mg/L、150 mg/L、200 mg/L、250 mg/L 和 300 mg/L 的模拟含镍废水于 250 mL 烧杯中，使用 0.1 mol/L NaOH 和 0.1 mol/L H₂SO₄ 调节溶液至 pH 为 5，将烧杯置于集热式磁力加热搅拌器中，在相同转速、BMPACS(pH＝11)投加量为 1 g、反应温度 60 ℃下，覆保鲜膜反应，达到吸附平衡后，各取 6 mL 反应后水样，经直径为 0.45 μm 的膜过滤后，使用紫外分光光度仪测定吸光度。

8. 吸附热力学实验

BMPACS(pH＝11)除镍：取 100 mL 浓度为 40 mg/L 的模拟含镍废水于 250 mL 烧杯中，使用 0.1 mol/L NaOH 和 0.1 mol/L H₂SO₄ 调节溶液至 pH 为 5，将烧杯置于集热式磁力加热搅拌器中，分别设置反应温度为 25 ℃、30 ℃和 45 ℃，在相同转速、BMPACS(pH＝11)投加量为 1 g 下，覆保鲜膜反应，达到吸附平衡后，各取 6 mL 反应后水样，经直径为 0.45 μm 的膜过滤后，使用紫外分光光度仪测定吸光度。

3.3.3　理化指标分析方法

1. 镍的测定

Ni^{2+} 测定方法：《丁二酮肟分光光度法》(GB 11910—89)

相应药剂：碘、氨水、碘化钾、丁二酮肟、柠檬酸铵、六水合硫酸镍、乙二胺四乙酸二钠。使用紫外分光光度仪在 530 nm 波长下测不同浓度 Ni^{2+} 的吸光度，根据标准浓度测定的吸光度值，绘制标准曲线，由标准曲线读取相应的、实验反应后的 Ni^{2+} 浓度，镍标准曲线如图 3-4 所示。

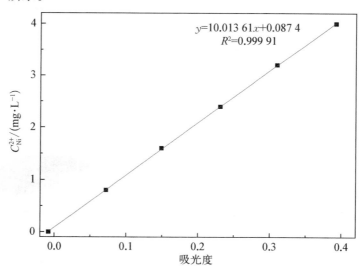

$$y = 10.013\ 61x + 0.087\ 4$$
$$R^2 = 0.999\ 91$$

图 3-4　镍标准曲线图

Ni^{2+} 去除率可表示为:

$$\eta_1 = 1 - \frac{C_1}{C_0} \tag{3.1}$$

式中,η_1 为 Ni^{2+} 去除率,%;C_1 为反应后溶液中 Ni^{2+} 浓度,mg/L;C_0 为反应前溶液中 Ni^{2+} 浓度,mg/L。

2. 红外光谱分析

采用 iS50 傅立叶红外光谱(Fourier transform infrared spectroscopy,FTIR)仪,在波长 400~4 000 cm^{-1} 区间、以 4 cm^{-1} 的分辨率进行扫描,得到样品的红外光谱图。通过 FTIR 能有效了解物质官能团及相应原子化学键等重要物质结构。

3. X-射线衍射

采用 D/max-250 X-射线衍射仪对 PACS 和 BMPACS 样品进行分析。测试参数为:CuK α 射线($\lambda = 0.178$ 9 nm),管电压为 40 kV,电流为 250 mA,以不间断连续扫描方式进行采样,测角转速器的转速为 8°/min,起始角度为 5°,终止角度为 80°。利用软件 Jade 6.5 所有卡片数据库对 XRD 主要衍射峰进行查对分析,如 XRD 图谱扣除衍射峰背底、特征峰匹配、物相等。

4. X-射线荧光光谱分析

采用 X-射线荧光光谱仪(型号 XRF-1800)进行测试。该仪器采用顺序扫描式的测定方法,其分析元素范围为 ^{5}B~^{92}U。在进行测定前,样品必须先干燥处理,研磨至 100 目以下,再压片,然后进行测试。

5. 比表面及孔隙度分析

采用 ASAP 2460 全自动比表面及孔隙度分析仪(BET)对 PACS 和 BMPACS 样品进行分析。通过 N$_2$ 吸附脱附 BET,可以了解物质的比表面积、孔径分布、孔容大小等重要形貌信息。

6. X-射线光电子能谱分析

X-射线光电子能谱(X-ray photoelectron spectroscopy,XPS)能够分析测定物质的元素组成,以及对相应元素的价态进行分析。本实验采用 Kalpha X-射线光电子能谱分析仪对 PACS 和 BMPACS 样品进行分析。

7. 纳米粒度及 Zeta 电位分析

采用 ZS90 纳米粒度及 Zeta 电位分析仪测定 BMPACS(pH=7)的 Zeta 电位,用水作分散剂,将样品进行 5 min 的超声预处理,使样品均匀分散,无沉淀与团聚现象发生。通过在不同 pH 条件下测得的样品 Zeta 电位值作拟合线,可得到相应样品的等电位,有助于判断样品在不同溶液 pH 下的电荷带电情况。

8. 扫描电子显微镜

扫描电子显微镜是对样品表面形态进行测试的一种大型仪器。扫描电镜,通过采集包括二次电子、背散射电子、吸收电子、透射电子、俄歇电子、X射线等信号,对样品进行分析,获取被测样品本身的各种物理、化学性质的信息,如形貌、组成、晶体结构、电子结构和内部电场或磁场等。本实验中采用环境扫描电镜(型号:S4800)对样品的微观表面形貌、微观组织结构、微观区域的元素成分等进行分析。扫描电镜所用样品为粉末,用导电胶将样品粘在合金样品架上,样品架表面需喷金。

3.4　不同聚铝废渣的除镍效果

重金属污染废水的处理处置一直是人们关注和研究的重要方向。由于电镀、冶金等行业会产生大量含重金属镍污染的废水,不及时处理,镍会在土壤中富集,通过转化会对动植物、人类产生严重损害,同时对环境造成一定的危害。本实验主要是对聚铝废渣进行改性,将改性聚铝废渣作为吸附剂,处理含镍废水,通过单因素实验,观察其投加量、反应温度和时间、含镍废水的初始pH和浓度变化对镍的去除效果,以及相应的变化规律,并采用各类表征对其吸附行为进行解释。

3.4.1　对照实验

图3-5所示为不同聚铝废渣的除镍效果图。相应BMPACS的制备方法为:在培养皿中,将PACS与0.75 mol/L Ca(OH)$_2$以2 g∶1 mL的比例混合,将培养皿覆膜后,在

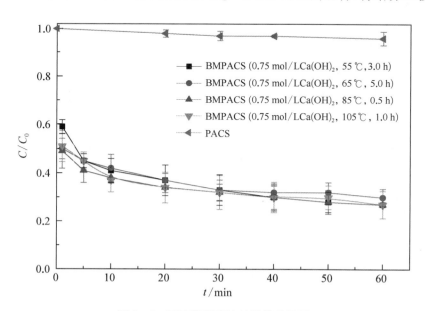

图3-5　不同聚铝废渣的除镍效果图

55 ℃、65 ℃、85 ℃、105 ℃温度下,分别进行 3.0 h、5.0 h、0.5 h、1.0 h 的改性处理,再将样品在 105 ℃的烘箱中烘干、研磨、过 100 目筛,即可制得。图中 C 表示反应后溶液中 Ni^{2+} 的浓度,C_0 表示反应前溶液中 Ni^{2+} 的浓度。在初始 Ni^{2+} 浓度为 40 mg/L、pH 为 5、T 为 30 ℃、废水体积为 2 g∶100 mL 的条件下(聚铝废渣投加量),进行实验,吸附反应 1 h 后,原聚铝废渣对 Ni^{2+} 的去除率在 4% 左右,基本不能吸附水中的 Ni^{2+},不同 BMPACS 对 Ni^{2+} 的去除率均接近 73%。

图 3-6 为不同聚铝废渣除镍效果图。在初始 Ni^{2+} 浓度为 40 mg/L、pH 为 7、T 为室温、废水体积为 5 g∶100 mL(聚铝废渣投加量)条件下,进行反应。PACS、BMPACS (pH＝7)、BMPACS(pH＝8)、BMPACS(pH＝9)对 Ni^{2+} 基本上没有吸附作用。BMPACS(pH＝10)和 BMPACS(pH＝11)对 Ni^{2+} 的去除效果显著,但 BMPACS(pH＝10)经过 2 h 吸附反应后,水中 Ni^{2+} 浓度为 6.89 mg/L,仍高于其国家排放标准。在反应 90 min时,BMPACS(pH＝11)对 Ni^{2+} 的去除率为 98.93%,水中 Ni^{2+} 浓度低于 0.5 mg/L,符合其国家排放标准,且反应的前 5 min,Ni^{2+} 的去除率迅速增大。所以,最终选用 BMPACS(pH＝11)进行后续的单因素实验。

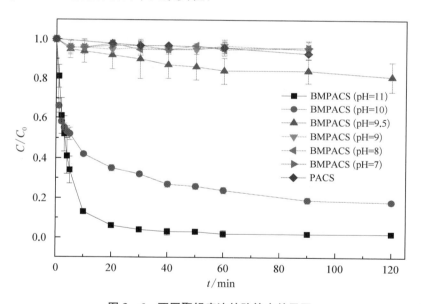

图 3-6　不同聚铝废渣的除镍去效果图

3.4.2　单因素实验

1. 投加量

向 100 mL Ni^{2+} 浓度为 40 mg/L 的含镍废水中,分别投加 0.1 g、0.3 g、0.5 g、1.0 g、3.0 g、5.0 g 的 BMPACS(pH＝11),在相同转速、pH 为 5、反应温度为 60 ℃下,进行吸附实验,BMPACS 除镍效果如图 3-7 所示。

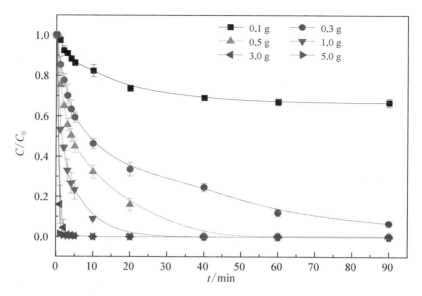

图 3 - 7 不同投加量下 BMPACS 的除镍效果图

随着吸附剂(BMPACS)投加量的增加,BMPACS(pH=11)对 Ni^{2+} 吸附效果越发显著,Ni^{2+} 的去除效率不断增大。当 BMPACS(pH=11)的投加量为 0.1 g,反应 90 min 后,Ni^{2+} 的去除率仅为 34.27%。当 BMPACS(pH=11)投加量为 3.0 g、5.0 g,其 C/C_0 曲线基本重合,投加量为 3.0 g 及以上时,对 Ni^{2+} 的去除率没有太大提高,趋于稳定,说明此时 BMPACS(pH=11)对 Ni^{2+} 的吸附已达到饱和状态。当 BMPACS(pH=11)投加量为 3.0 g,反应 5 min 后,Ni^{2+} 的去除率近乎 100%。由此可见,BMPACS(pH=11)投加量对 Ni^{2+} 的去除率有重要影响,在相同条件下,投加量的最小值和最大值对应的 Ni^{2+} 去除率差值较大。造成这种现象的原因可能是:随着吸附剂投加量的增加,其能与 Ni^{2+} 反应的基团数量也相应增多,增加了吸附剂的不饱和吸附位点,从而提高吸附剂对 Ni^{2+} 的吸附效率;但由于 Ni^{2+} 的初始浓度有限,当吸附剂投加量从 3.0 g 增加到 5.0 g 时,其对 Ni^{2+} 的吸附量已达到饱和状态。

图 3-8 所示为相应单因素(投加量)除镍终点的 pH 变化图。随着 BMPACS 投加量的逐渐增大,反应终点溶液的 pH 也相应升高。当反应 90 min、投加量为 5.0 g 时,溶液的 pH 为 7.93;投加量为 0.1 g 时,溶液的 pH 为 5.87。从经济和节约的角度考虑,投加量为 1.0 g 时,虽然反应的前 20 min 对 Ni^{2+} 的去除趋势没有投加量为 3.0 g 和 5.0 g 时的变化快,但反应 1 h 后的 C/C_0 曲线基本与投加量为 3.0 g 和 5.0 g 时的 C/C_0 曲线重合,反应 40 min 后,Ni^{2+} 的去除率为 99.65%,已达到镍的国家排放标准,所以,后续在关于 pH、浓度、温度和反应时间的单因素实验中,BMPACS 投加量均为 1.0 g。

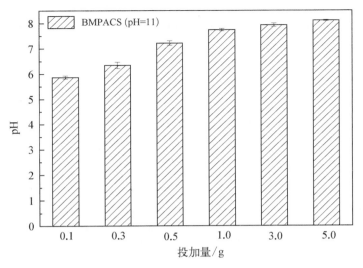

图 3 - 8　不同投加量下 BMPACS 除镍终点的 pH 变化图

2. 初始 pH

不同初始 pH 下 BMPACS 除镍效果,如图 3 - 9 所示。向 100 mL Ni^{2+} 浓度为 40 mg/L 的含镍废水中,各投加 1 g BMPACS(pH＝11),在相同转速、反应温度为 60 ℃、分别在 pH 为 3、4、5、7、8 的条件下,进行吸附实验。pH 为中性和碱性的情况下,BMPACS (pH＝11)对 Ni^{2+} 的吸附效果较好;pH 越低,吸附剂对 Ni^{2+} 的去除效果越差。当 pH＝8 时,溶液中 OH^- 与 Ni^{2+} 反应生成白色絮状物。出现该情况可能由于:① 在极酸环境中,

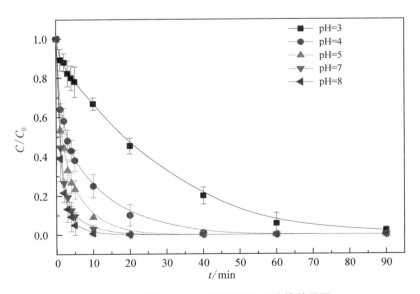

图 3 - 9　不同初始 pH 下 BMPACS 除镍效果图

大量 H^+ 会与溶液中的 Ni^{2+} 竞争离子交换位点,致使在初期(pH=3),Ni^{2+} 的去除率远低于在其他 pH 条件下,但随着 pH 升高,溶液中 H^+ 的含量逐渐减少,相应地 Ni^{2+} 去除效果逐渐增强。② 在较酸环境下,Ni^{2+} 活性不大,随着 pH 升高,OH^- 含量增大,OH^- 能降低吸附所需的自由能。

图 3-10 所示为相应单因素(pH)除镍终点的 pH 变化图。随着溶液初始 pH 逐渐增大,反应终点溶液的 pH 也相应升高。当反应 90 min、初始 pH 为 3 时,终点 pH 为 6.78;初始 pH 为 8 时,终点 pH 为 7.94。溶液 pH 不同,Ni 的存在形态不同。当 pH<7 时,镍的存在形态为 Ni^{2+};当 8<pH<9 时,Ni^{2+} 逐渐转化为 $Ni(OH)^+$;当 pH>9 时,有 $Ni(OH)_2$ 沉淀生成[36]。为了避免"假吸附效应",选择初始 pH 为 5,进行后续关于浓度、温度和反应时间的单因素实验。当初始 pH 为 5、反应 40 min 时,Ni^{2+} 的去除率为 99.65%。

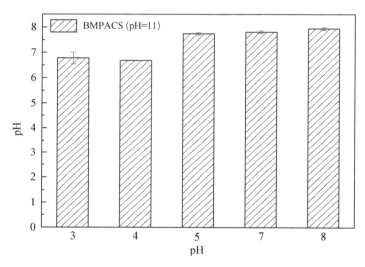

图 3-10　不同初始 pH 下 BMPACS 除镍终点的 pH 变化图

3. 浓度

不同浓度下 BMPACS 除镍效果,如图 3-11 所示。分别向 Ni^{2+} 浓度为 20 mg/L、40 mg/L、100 mg/L、150 mg/L 和 200 mg/L 的 100 mL 含镍废水中,投加 1 g BMPACS (pH=11),在相同转速、pH 为 5、反应温度为 60 ℃下,进行吸附实验。随着 Ni^{2+} 浓度的增加,BMPACS(pH=11)对 Ni^{2+} 的吸附效率受到抑制,其对 Ni^{2+} 吸附效果变差。当 Ni^{2+} 浓度为 200 mg/L 时,反应 90 min 后,Ni^{2+} 的去除率为 82.47%;当 Ni^{2+} 浓度为 20 mg/L 时,经过 5 min 的反应时间,水体中已检测不出 Ni^{2+} 含量。

图 3-12 为相应单因素(浓度)除镍终点 pH 变化图。随着 Ni^{2+} 浓度的逐渐增大,溶液的终点 pH 相应降低。当反应 90 min、Ni^{2+} 浓度为 20 mg/L 时,终点 pH 为 8.07;Ni^{2+} 浓度为 200 mg/L 时,终点 pH 为 6.08。从图 3-11 中可以看出,浓度也是除镍效果的一个重要影响因素,随着 Ni^{2+} 浓度的增加,Ni^{2+} 去除率呈现出递减规律。

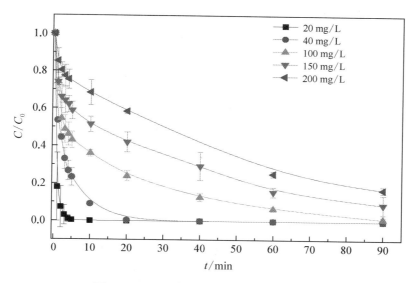

图 3 - 11 不同浓度下 BMPACS 除镍效果图

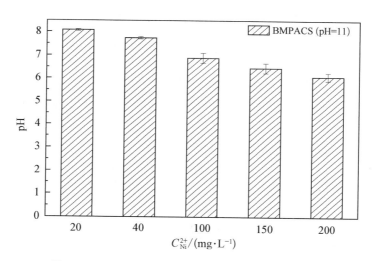

图 3 - 12 不同浓度下 BMPACS 除镍终点 pH 变化图

4. 温度

不同温度下 BMPACS 除镍效果,如图 3 - 13 所示。向 100 mL Ni²⁺ 浓度为 40 mg/L 含镍废水中投加 1 g BMPACS(pH=11),在相同转速、pH 为 5 及温度为 25 ℃、30 ℃、45 ℃、60 ℃和 90 ℃下,进行吸附实验。随着温度的升高,BMPACS(pH=11)对 Ni²⁺ 吸附效果逐渐提升,呈现出良好的递变规律。与投加量、pH 和浓度相比,温度对除镍效果的影响较小,不是主要的影响因素。当反应温度为 25 ℃、反应为 40 min 时,Ni²⁺ 的去除率为 99.56%;当反应温度为 90 ℃、反应为 10 min 时,Ni²⁺ 的去除率为 100%。当 90 ℃时,温度过高导致溶液沸腾随时间增长而愈加剧烈,在实际工厂处理应用中耗能大且比较危险,不建议使用该温度。

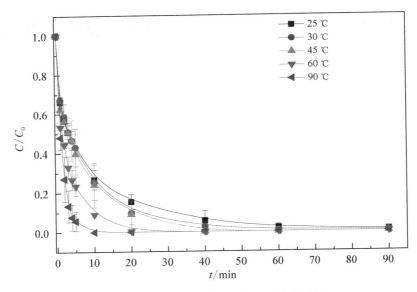

图 3 - 13   不同温度下 BMPACS 除镍效果图

5. 反应时间

不同反应时间下 BMPACS 除镍效果,如图 3 - 14 所示。向 100 mL Ni^{2+} 浓度为 40 mg/L 的含镍废水中投加 1 g BMPACS(pH=11),在相同转速、pH 为 5、反应温度为 60 ℃下,进行实验。考察反应 3 min、5 min、10 min、20 min 和 60 min 后,吸附剂对 Ni^{2+} 的去除效果。

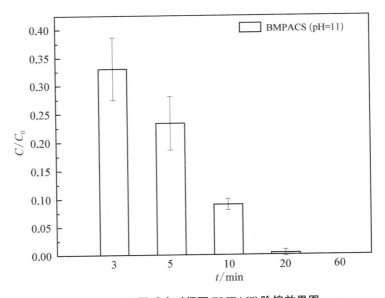

图 3 - 14   不同反应时间下 BMPACS 除镍效果图

反应 3 min 时,BMPACS(pH=11)对 Ni²⁺ 的去除率为 65.88%。随着反应的进行,废水中 Ni²⁺ 的浓度逐渐降低,当反应 1 h 后,Ni²⁺ 的去除率接近 100%。从图 3 - 14 中可以看出,反应时间的改变对 Ni²⁺ 去除效果有明显的影响,反应 1 h 后,可达到镍的国家排放标准。

3.4.3 表征分析

1. 红外光谱分析

FTIR 技术能够揭示物质中特殊官能团的存在,为解析吸附行为提供有价值的参考依据。图 3 - 15 展示了原聚铝废渣 PACS(反应前/反应后,标记为 BR/AR)、碱改性聚铝废渣 BMPACS(标记为 BR/AR)和氢氧化钙的 FTIR 图谱。在图谱中,3 640 cm⁻¹ 附近的

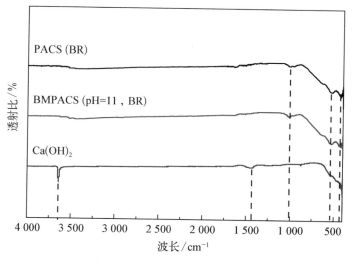

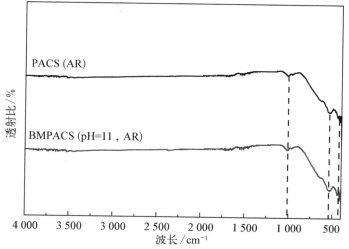

图 3 - 15 PACS(BR/AR)、BMPACS(BR/AR)和 Ca(OH)₂ 的 FTIR 图谱

吸收带归因于钙氧化物中 M—OH 的伸缩振动,1 460 cm^{-1} 附近的吸收带为—OH 弯曲振动,1 010 cm^{-1} 附近的吸收带为 Si—O—Fe 或 Si—O—Al 的伸缩振动,529 cm^{-1} 附近的吸收带为 Al—O、Fe—O 的伸缩振动,402 cm^{-1} 附近吸收带为 Al—O、Fe—O 的反伸缩振动[37,38]。

从 PACS(BR)、BMPACS(BR)和 Ca(OH)$_2$ 的 FTIR 图谱中可看出,采用氢氧化钙对原聚铝废渣进行改性,由于氢氧化钙用量少,改性后并未改变聚铝废渣的主要官能团。从 PACS(BR/AR)和 BMPACS(BR/AR)的 FTIR 中可看出,由于吸附剂处理的 Ni^{2+} 初始浓度不高,吸收峰并未较大程度改变,PACS(AR)和 BMPACS(AR)的 529 cm^{-1} 附近吸收带较之前略窄,杂峰略多些。

2. X-射线衍射

PACS(BR)、BMPACS(BR)和 Ca(OH)$_2$ 的 XRD 图谱如图 3 - 16 所示,PACS(BR)和 BMPACS(BR)都在 2θ 为 18.040°、32.830°、36.593°、47.270°、58.996°、64.772°附近出现尖锐的衍射峰,Ca(OH)$_2$ 在 2θ 为 18.040°、28.804°、34.142°、47.182°、50.945°、54.358°、62.672°、64.422°、71.949°附近出现尖锐的衍射峰。通过图谱分析,发现这些衍射峰分别与 Ca(OH)$_2$、CaTiO$_3$、FeAl$_2$O$_4$ 和 Fe$_3$O$_4$ 标准 PDF 卡片较为吻合,因此确定聚铝废渣中的主要成分为钙钛氧化物、铁铝氧化物和四氧化三铁,其物相晶型较好,且在活化过程中并未遭到较大破坏。

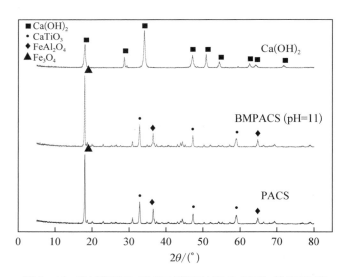

图 3 - 16　PACS(BR)、BMPACS(BR)和 Ca(OH)$_2$ 的 XRD 图

3. X-射线荧光光谱分析

通过 XRF 对 PACS、BMPACS(BR)和 BMPACS(AR)的元素以及氧化物进行分析,结果如图 3 - 17 所示。由于氢氧化钙的引入,BMPACS(BR)中 Ca、O 元素以及 CaO 含量所占比例与 PACS 相比有所提高,或由于碱改性过程中聚铝废渣的总体质

量减少,导致 BMPACS(BR)中各金属的占比同时上升。利用 BMPACS(pH=11)处理含镍废水后,比与 BMPACS(BR)相比,BMPACS(AR)中 Ni 元素和 NiO 含量有所上升,但由于初始 Ni^{2+} 浓度较低,上升数值不是很大,分别上升 0.24% 和 0.20% 左右。由于 BMPACS(pH=11)是通过 $Ca(OH)_2$ 改性制得的,在一定程度上,BMPACS(pH=11)中的—OH 会与废水中的 Ni^{2+} 发生络合反应[39],导致 BMPACS(BR)的 O 元素含量比 BMPACS(AR)的高一些;也可能存在 BMPACS(BR)中的 Ca^{2+} 与水中 Ni^{2+} 发生离子交换作用,使 BMPACS(AR)中 Ca 和 CaO 的含量与 BMPACS(BR)相比有所下降。此外,BMPACS(BR)表面上的 Si 会在从 BMPACS(BR)表面溶出时与溶液中的 Ni^{2+} 反应,发生 Ni、Si 共沉淀[40],导致 BMPACS(AR)中的 Ni、Si 元素含量有所升高。

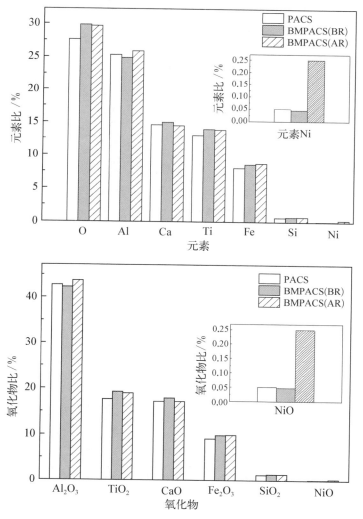

图 3-17　PACS、BMPACS(BR)和 BMPACS(AR)的元素组成及物质组成图

4. 比表面及孔隙度分析

图 3-18 所示为 PACS 和 BMPACS(pH=11)的吸附脱附等温曲线(a)和孔径分布
(b)图。PACS 和 BMPACS(pH=11)的比表面和孔径特性见表 3.5。如图 3-18(a)图所
示,PACS 和 BMPACS(pH=11)的吸附脱附等温曲线符合典型的 Ⅳ 型等温线。结合图
3-18(b)和表 3.5 可得,PACS 和 BMPACS(pH=11)的孔容分别为 0.009 529 cm^3/g 和
0.046 745 cm^3/g,改性后,BMPACS(pH=11)的比表面由 PACS 的 4.182 0 m^2/g 增大到
17.870 8 m^2/g,且具有更多的吸附位点。Ni^{2+} 的水合半径为 0.430 nm,而 BMPACS
(pH=11)的孔径为 8.690 8 nm,Ni^{2+} 可较好地进入 BMPACS(pH=11)孔道内被吸附。
改性聚铝废渣比表面积的增大和其较大的孔径,大幅度提升了其对 Ni^{2+} 的去除效果。

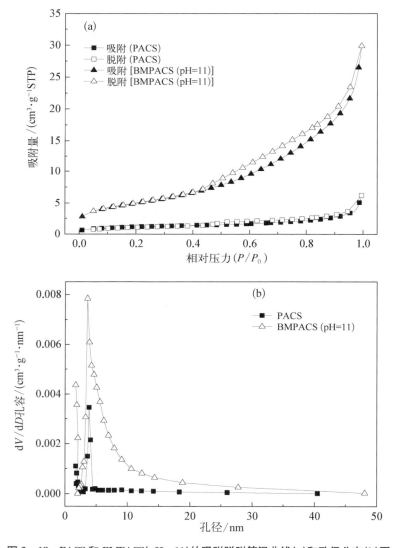

图 3-18   PACS 和 BMPACS(pH=11)的吸附脱附等温曲线(a)和孔径分布(b)图

表 3.5　PACS 和 BMPACS(pH＝11)的比表面和孔径特性表

材　　料	比表面/(m² · g⁻¹)	孔径/nm	孔容/(cm³ · g⁻¹)
PACS	4.182 0	10.111 3	0.009 529
BMPACS(pH＝11)	17.870 8	8.690 8	0.046 745

5. 扫描电子显微镜

图 3-19 所示为 PACS(BR)和 BMPACS(BR)的 SEM 图。PACS(BR)微粒表面粗糙,颗粒间结构有一定的空隙。BMPACS(BR)经过 Ca(OH)₂ 改性后,部分 Ca(OH)₂ 进入聚铝废渣内部,改变了聚铝废渣原有的形貌,使团聚体分散,使 BMPACS(pH＝11)具有更粗糙的表面与更疏松的空隙结构,这样的结构有利于吸附剂在水体中更好地分散,Ni²⁺通过疏松空隙进入吸附剂内表面,然后达到吸附位点,更大的比表面积提高了对 Ni²⁺ 的吸附作用。BMPACS(BR)比 PACS(BR)颗粒更细、比表面积更大,其吸附性能较强,可同时起到电性中和与吸附架桥作用,因此,BMPACS(BR)的微观结构对改善 Ni²⁺ 去除效果有一定的强化作用。

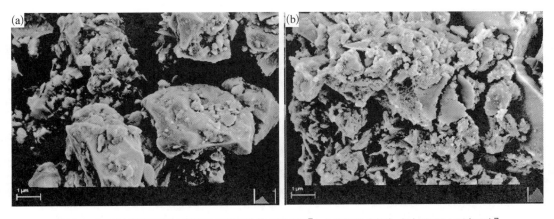

图 3-19　PACS(BR)和 BMPACS(BR)的 SEM 图[(a) PACS (BR);(b) BMPACS(BR)]

综上所述,结合 FTIR、XRD、XRF、BET 和 SEM 图,BMPACS(pH＝11)对 Ni²⁺ 的去除过程包含物理吸附和化学吸附。BMPACS(pH＝11)空隙疏松,比表面积大,孔径分布广,且含有大量铝氧键和硅氧键,具有很强的物理吸附性能。BMPACS(pH＝11)与 Ni²⁺通过离子偶极相互作用产生吸附作用[41],吸附可分为 3 个过程:① BMPACS(pH＝11)进入水体后进行扩散,将 Ni²⁺ 吸附至吸附剂表面。② 吸附在吸附剂表面的 Ni²⁺,通过空隙继续进入吸附剂内部的吸附位点。③ BMPACS(pH＝11)将 Ni²⁺ 吸附至其内表面,达到吸附平衡。

在一定程度上,BMPACS(pH＝11)对 Ni²⁺ 的去除还存在共沉淀、络合反应和离子交换作用。BMPACS(pH=11)表面溶出时,一部分 Si 会与 Ni 发生共沉淀作用;BMPACS(pH=11)中的—OH 会与废水中的 Ni^{2+} 发生络合反应;BMPACS(pH=11)中的 Ca^{2+} 会与水中的 Ni^{2+} 发生离子交换作用,这是由表面配合物或共沉淀的阳离子交换或金属交换反应引起的[42],相应的反应方程式如下:

$$2\text{—OH} + Ni^{2+} \longrightarrow Ni(OH)_2 + M^{2+} \tag{3.2}$$

$$(BMPACS) - Ca^{2+} + Ni^{2+} \longrightarrow (BMPACS) - Ni^{2+} + Ca^{2+} \tag{3.3}$$

3.4.4 小结

通过除镍效果对照,确定最佳的聚铝废渣改性方法。在单因素实验中,研究聚铝废渣的投加量、反应温度和时间、Ni^{2+} 废水初始 pH 和浓度变化,对除镍效果的影响,并结合 FTIR、XRD、XRF、BET 和 SEM 表征方式,解释 BMPACS(pH=11)吸附剂对 Ni^{2+} 的吸附行为。

与直接投加氢氧化钙粉末、聚铝废渣相比,将制得的 BMPACS(pH=11)作为吸附剂,其对 Ni^{2+} 去除率可达 98.93%,反应后水中 Ni^{2+} 浓度低于 0.5 mg/L,符合镍的国家排放标准,确定 pH 为 11 的操作方法为最佳的聚铝废渣改性方式。

单因素实验中,吸附剂投加量、Ni^{2+} 初始浓度和 pH 改变,对除镍效果的影响较大,反应时间次之,温度对其影响相对较小。随着吸附剂投加量、反应时间、pH 和温度的增大,以及 Ni^{2+} 初始浓度的减小,Ni^{2+} 的去除率不断升高。当吸附剂投加量为 1 g、Ni^{2+} 初始浓度为 40 mg/L、初始 pH 为 5、反应温度为 60 ℃、反应时间为 40 min 时,Ni^{2+} 的去除率为 99.65%,达到了《铜、镍、钴工业污染物排放标准》(GB 25467—2010)。

从 FTIR 图中可以看出,BMPACS(BR/AR)含有 Si—O—Fe 或 Si—O—Al 以及 Al—O,Fe—O,$Ca(OH)_2$ 的加入并未改变聚铝废渣的主要官能团,结合 XRD 图可以看出,BMPACS(pH=11)中含有 $CaTiO_3$、$FeAl_2O_4$ 和 Fe_3O_4。结合 BET 数据和 SEM 图可以看出,BMPACS(BR)的孔径远大于 Ni^{2+} 的水合半径,Ni^{2+} 能更好地进入改性聚铝废渣孔道内被吸附,且其表面更粗糙,空隙结构更疏松,比表面积更大,从而提高了吸附性能。结合 XRF 图中 BMPACS(AR)中 Ca,O 等主要元素含量减少,Ni、Si 等元素含量增加,推断出 $Ca(OH)_2$ 中—OH 与 Ni^{2+} 的络合反应、BMPACS(pH=11)中的 Ca^{2+} 与水中 Ni^{2+} 发生的离子交换作用,以及 BMPACS 表面溶出时 Ni、Si 的共沉淀作用。所以,BMPACS(pH=11)对 Ni^{2+} 的吸附作用包含物理吸附和化学吸附,是一个复杂的吸附过程。

3.5 碱改性聚铝废渣对镍吸附行为的研究

通过吸附动力学模型、吸附等温线模型和吸附热力学相关计算数据,研究 BMPACS

(pH=11)对 Ni²⁺ 的吸附性能。通过利用吸附动力学模型中的准一级动力学模型、准二级动力学模型和 Elovich 模型判断 BMPACS(pH=11)的吸附性质;利用吸附动力学模型中的 Weber‐Morris 内扩散模型和膜扩散传质模型判断吸附速率的控制机制;利用吸附等温线模型中 Langmuir 和 Freundlich 模型判断吸附层类型;利用吸附热力学数据判断吸附与温度的密切关系,为实现工厂实际操作提供理论基础。

3.5.1　吸附性能分析

1. 吸附动力学

运用吸附动力学可以分析吸附快慢和吸附机理,其在研究吸附过程中起着十分重要的作用。准一级动力学模型、准二级动力学模型、Elovich 模型、Weber‐Morris 内扩散模型和膜扩散传质模型是较为常见的吸附动力学模型。

(1)准一级动力学方程,表达式如下:

$$q_t = q_e(1 - e^{-k_1 t}) \tag{3.4}$$

转化成线性表达式为:

$$\ln(q_e - q_t) = \ln q_e - k_1 t \tag{3.5}$$

式中,q_t 为吸附 t 时刻时,吸附剂吸附量,mg/g;q_e 为吸附平衡时,吸附剂吸附量,mg/g;k_1 为准一级吸附速率常数,min⁻¹;t 为吸附时间,min。

(2)准二级动力学方程,表达式如下:

$$q_t = \frac{q_e^2}{1 + q_e k_2 t} \tag{3.6}$$

转化成线性表达式为:

$$\frac{t}{q_t} = \frac{1}{k_2 q_e^2} + \frac{t}{q_e} \tag{3.7}$$

式中,q_t 为吸附 t 时刻时,吸附剂吸附量,mg/g;q_e 为吸附平衡时,吸附剂吸附量,mg/g;k_2 为准二级吸附速率常数,g/(mg·min),其值越大,吸附速率越快;t 为吸附时间,min。

(3) Elovich 方程,表达式如下:

$$\frac{dq_t}{dt} = \alpha \exp(-\beta q_t) \tag{3.8}$$

将式(3.8)积分,得:

$$q_t = \alpha + \beta \ln t \tag{3.9}$$

式中,q_t 为吸附 t 时刻时,吸附剂吸附量,mg/g;α、β 为 Elovich 方程相应参数;t 为吸附时间,min。

(4) Weber‐Morris 内扩散方程,表达式如下:

$$q_t = Kt^{1/2} + b \qquad (3.10)$$

式中,q_t 为吸附 t 时刻时,吸附剂吸附量,mg/g;K 为 Weber‐Morris 内扩散方程速率常数,mg/(g·min$^{1/2}$);b 为相关边界层效应;t 为吸附时间,min。

(5) 膜扩散传质方程,表达式如下:

$$\ln(1 - \alpha_p) = -k_p t \qquad (3.11)$$

其中,α_p 由以下达到平衡的分数公式得出:

$$\alpha_p = \frac{[M]_t}{[M]_\infty} \qquad (3.12)$$

式中,$\dfrac{[M]_t}{[M]_\infty}$ 为时间 t(min)处的吸附量除以无穷大处的吸附量;k_p 为粒子内扩散常数。

以 t(min)为横坐标,以 q_t(mg/g)为纵坐标,结合吸附动力学方程(3.2)和方程(3.4)作图,BMPACS 吸附 Ni^{2+} 的动力学拟合图,如图 3‐20 所示。

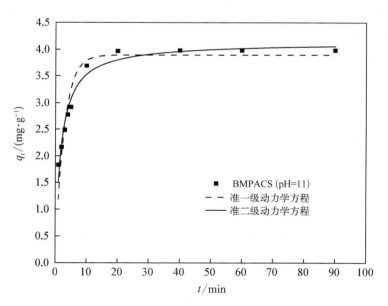

图 3‐20　BMPACS 吸附 Ni^{2+} 的动力学拟合图

图 3‐20 中,准一级动力学方程的 R^2 值为 0.886,其值小于准二级动力学方程的 R^2 值(0.961),所以 BMPACS(pH=11)对 Ni^{2+} 的吸附过程更符合准二级动力学模型,化学吸附在 BMPACS(pH=11)对 Ni^{2+} 的吸附过程中起主要作用[43]。Ni^{2+} 与 BMPACS(pH=

11)表面基团产生化学键改变或电子转移等化学反应[44]。反应开始时，BMPACS(pH＝11)对 Ni^{2+} 的吸附速率较大，当反应 40 min 后，BMPACS(pH＝11)对 Ni^{2+} 吸附速率逐渐变缓，1 h 后 BMPACS 对 Ni^{2+} 的吸附量达到吸附饱和状态。

　　通过准一级动力学线性拟合方程、准二级动力学线性拟合方程和 Elovich 方程，根据 BMPACS(pH＝11)对 Ni^{2+} 的吸附量随时间变化的数据来作图。以 t(min)为横坐标，以 $\ln(q_e-q_t)$ 为纵坐标，拟合图如图 3-21 所示，为准一级动力学线性拟合图；以 t(min)为横坐标，以 t/q_t 为纵坐标，拟合图如图 3-22 所示，为准二级动力学线性拟合图；以 $\ln t$ 为横坐标，q_t 为纵坐标，Elovich 模型方程图如图 3-23 所示。

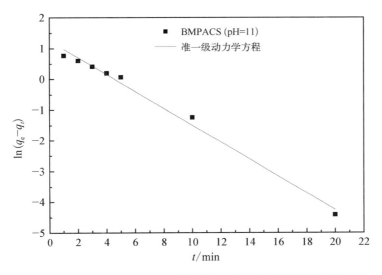

图 3-21　BMPACS 吸附 Ni^{2+} 的准一级动力学线性拟合图

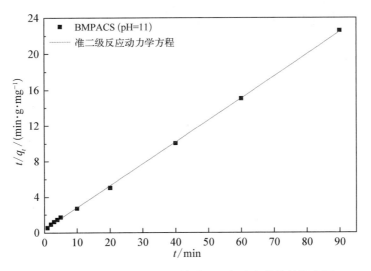

图 3-22　BMPACS 吸附 Ni^{2+} 的准二级动力学线性拟合图

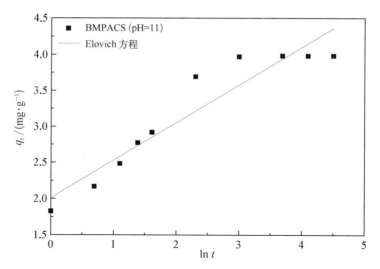

图 3 - 23　BMPACS 吸附 Ni²⁺ 的 Elovich 模型方程图

结合图 3 - 21、图 3 - 22 和图 3 - 23，得到线性拟合方程的解，从而求得对应模型 q_e、R^2、k_1、k_2、α 和 β 的理论值，表 3.6 为 BMPACS 吸附 Ni²⁺ 的动力学特性一览表。由表 3.6 中的动力学参数可知，在准二级动力学方程中，R^2 为 0.999，其值大于准一级动力学方程的 R^2 值（0.988）和 Elovich 方程的 R^2 值（0.886），且准二级动力学方程解得的理论 q_e 值为 4.071 mg/g 也较符合实验所得的实际 q_e 值（3.983 mg/g）。综上可得，在 BMPACS（pH=11）对 Ni²⁺ 的吸附过程中，吸附过程比较符合准二级动力学模型，化学吸附影响着吸附过程中的速率变化。

表 3.6　BMPACS 吸附 Ni²⁺ 的动力学特性一览表

模　　型	BMPACS(pH=11)
准一级动力学模型	
实际值 $q_e/(\mathrm{mg \cdot g^{-1}})$	3.983
理论值 $q_e/(\mathrm{mg \cdot g^{-1}})$	3.491
$k_1/\mathrm{min^{-1}}$	0.275
R^2	0.988
准二级动力学模型	
实际值 $q_e/(\mathrm{mg \cdot g^{-1}})$	3.983
理论值 $q_e/(\mathrm{mg \cdot g^{-1}})$	4.071
$k_2/(\mathrm{g \cdot mg^{-1} \cdot min^{-1}})$	0.170
R^2	0.999
Elovich 模型	
α	2.009
β	0.523
R^2	0.886

为了判断在 BMPACS(pH＝11)对 Ni^{2+} 的吸附过程中,吸附速率的控制过程,以 $t^{1/2}$ 为横坐标,q_t 为纵坐标,根据实验相关吸附动力学数据结合 Weber‐Morris 内扩散方程作图,Weber‐Morris 内扩散方程图,如图 3‐24 所示。

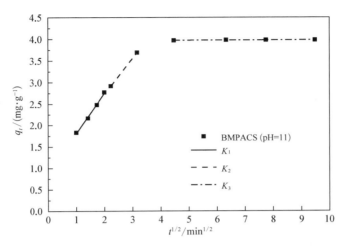

图 3‐24　BMPACS 吸附 Ni^{2+} 的 Weber‐Morris 内扩散模型方程图

结合图 3‐24,得到 Weber‐Morris 内扩散方程的解,从而求得对应模型的 K_1、K_2 和 K_3 的值,表 3.7 为 BMPACS(pH＝11)吸附 Ni^{2+} 动力学特性一览表。由图 3‐24 可知,BMPACS(pH＝11)对 Ni^{2+} 的吸附可分为 3 个过程,首先是膜扩散过程(K_1),然后是内扩散过程(K_2),最后是吸附平衡过程(K_3)。首先,通过吸附剂 BMPACS(pH＝11)表面附着的流体介膜,Ni^{2+} 从液相进入吸附剂外表面。之后,吸附剂外表面的 Ni^{2+} 通过吸附剂内的孔道进入其内表面。最后,Ni^{2+} 到达吸附剂内表面的吸附位点,快速达到吸附平衡状态。通过 $K_1 > K_2 > K_3$ 可知,膜扩散过程(K_1)的吸附速率最快,主要是因为初期吸附过程为表面吸附,聚铝废渣改性后,表面变得更粗糙,比表面积更大,表面上与 Ni^{2+} 结合的羟基等基团更多;达到内扩散过程(K_2)后,由于受到吸附剂内部孔道等的阻碍,阻力增大,且与 Ni^{2+} 结合的羟基等基团逐渐被占据,吸附速率变慢;达到吸附平衡过程(K_3)时,K_3 值接近于 0,吸附速率基本保持平缓状态。内扩散过程(K_2)的相应方程未过原点,可见 BMPACS(pH＝11)对 Ni^{2+} 的吸附速率由膜扩散和内扩散相互作用。

表 3.7　BMPACS 吸附 Ni^{2+} 的动力学特性一览表

Weber‐Morris 内扩散方程参数	BMPACS(pH＝11)
K_1	0.943
K_2	0.837
K_3	0.002

以 T 为横坐标、$\ln(1-\alpha_p)$ 为纵坐标，根据实验相关吸附动力学数据结合膜扩散传质方程作图，图 3-25 为膜扩散传质方程图。将 T 值和 T 对应的 $\ln(1-\alpha_p)$ 数值进行线性拟合，得到的方程如下：

$$y = -0.275\,02x - 0.131\,89 \tag{3.13}$$

方程(3.13)与方程(3.11)的形式不符，方程未过原点。由此可见，分析吸附速率的控制过程，Weber - Morris 内扩散模型比膜扩散传质模型更合适。

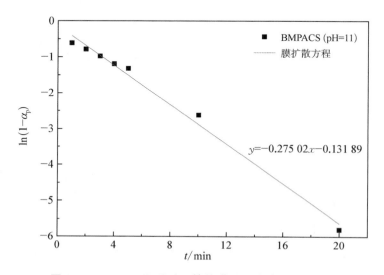

图 3-25　BMPACS 吸附 Ni²⁺ 的膜扩散传质模型方程图

2. 吸附等温线

可通过 Langmuir 和 Freundlich 等温线模型，研究溶液中重金属镍离子的吸附机理。Langmuir 吸附等温线模型：假设吸附过程是单分子层吸附，吸附剂的吸附位点均匀，吸附质无相互作用，吸附过程为动态平衡过程。Freundlich 吸附等温线模型：可表示吸附剂表面不均匀的吸附过程，较适用于低浓度反应条件。

（1）Langmuir 吸附等温线模型方程，表达式如下：

$$q_e = \frac{q_m K_L C_e}{1 + K_L C_e} \tag{3.14}$$

式中，q_e 为吸附平衡时，吸附剂吸附量，mg/g；q_m 为吸附剂单层饱和吸附量，mg/g；K_L 为 Langmuir 吸附平衡常数，L/mg；C_e 为吸附平衡时，溶液中 Ni²⁺ 浓度，mg/L。

转化成线性表达式为：

$$\frac{C_e}{q_e} = \frac{C_e}{q_m} + \frac{1}{K_L q_m} \tag{3.15}$$

将方程(3.15)两边取倒数得：

$$\frac{1}{q_e}=\frac{1}{K_L q_m}\cdot\frac{1}{C_e}+\frac{1}{q_m}$$ (3.16)

(2) Freundlich 吸附等温线模型方程，表达式如下：

$$q_e=K_F C_e^{\frac{1}{n}}$$ (3.17)

式中，q_e 为吸附平衡时，吸附剂吸附量，mg/g；K_F 为 Freundlich 吸附平衡常数，L/mg，其值越大，吸附性能越好；C_e 为吸附平衡时，溶液中 Ni^{2+} 浓度，mg/L；$1/n$ 为吸附强度参数。当 $n<0.5$ 时，吸附性能较差；当 $1<n<2$ 时，吸附性能较好；当 $n=1$ 时，吸附线性程度较高，n 值越大，吸附性能越好。

转化成线性表达式为：

$$\log q_e=\log K_F+\frac{1}{n}\log C_e$$ (3.18)

以 C_e(mg/L)为横坐标、q_e(mg/g)为纵坐标，结合吸附等温线方程(3.14)和(3.18)作图，图 3-26 为 BMPACS 吸附 Ni^{2+} 的等温线拟合图。Langmuir 吸附等温线方程的 R^2 值为 0.857，其值大于 Freundlich 吸附等温线方程的 R^2 值(0.725)，所以 Langmuir 吸附等温线方程能更好地描述 BMPACS(pH=11)对 Ni^{2+} 的吸附过程，BMPACS(pH=11)对 Ni^{2+} 的吸附过程更符合单层吸附的特性[45]。随着平衡浓度的增加，BMPACS(pH=11)对 Ni^{2+} 的吸附量也随之增加。当 Ni^{2+} 初始浓度为 100 mg/L 时，BMPACS(pH=11)对 Ni^{2+} 的吸附量几乎达到最大值，由此表明 BMPACS 被充分利用。

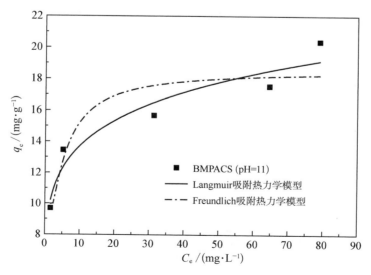

图 3-26　BMPACS 吸附 Ni^{2+} 的等温线拟合图

图 3-27 和图 3-28 分别为 BMPACS 吸附 Ni^{2+} 的 Langmuir 和 Freundlich 吸附等温线线性拟合图。结合图 3-27 和图 3-28 得到线性拟合方程的解,从而求得对应模型 q_m、R^2、K_L、K_F 和 n 的理论值,表 3.8 为 BMPACS 吸附 Ni^{2+} 的等温线特性一览表。由表 3.8 知,在 Langmuir 吸附等温线方程中,R^2 为 0.924,其值大于 Freundlich 吸附等温线方程的 R^2 值(0.917)。Langmuir 吸附等温线线性拟合方程的整体理论值 q_e 与实际值 q_e 接近,表明在 BMPACS(pH=11)对 Ni^{2+} 的吸附过程中,吸附过程与 Langmuir 吸附等温线模型较为符合,吸附过程更接近单层吸附的特性。

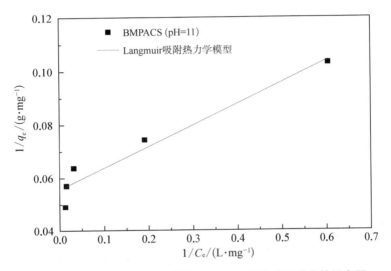

图 3-27   BMPACS 吸附 Ni^{2+} 的 Langmuir 吸附等温线线性拟合图

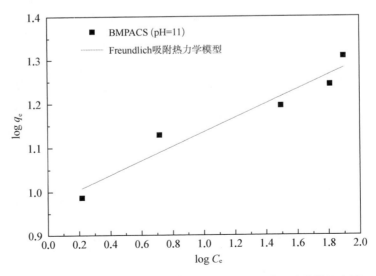

图 3-28   BMPACS 吸附 Ni^{2+} 的 Freundlich 吸附等温线线性拟合图

表 3.8　BMPACS 吸附 Ni²⁺ 的等温线特性一览表

模　　　型	BMPACS(pH=11)
Langmuir 吸附等温线模型	
$q_m/(\text{mg}\cdot\text{g}^{-1})$	17.944
$K_L/(\text{L}\cdot\text{mg}^{-1})$	0.694
R^2	0.924
Freundlich 吸附等温线模型	
$K_F/(\text{L}\cdot\text{mg}^{-1})$	9.384
n	6.133
R^2	0.917

3. 吸附热力学

通过吸附热力学方程,可求得相应的热力学参数:吉布斯自由能 ΔG、熵变 ΔS 和焓变 ΔH 等,进而可判断吸附反应属于吸热还是放热反应。其相关热力学公式,如下:

$$\ln\left(\frac{q_e}{C_e}\right)=\frac{\Delta S}{R}-\frac{\Delta H}{RT} \tag{3.19}$$

$$\Delta G=-RT\ln K_d \tag{3.20}$$

$$\Delta G=\Delta H-T\Delta S \tag{3.21}$$

$$K_d=\frac{q_e}{C_e} \tag{3.22}$$

式中,q_e 为吸附平衡时,吸附剂吸附量,mg/g;C_e 为吸附平衡时,溶液中 Ni²⁺ 浓度,mg/L;K_d 为分配系数,mL/g;T 为温度,K;R 为理想气态常熟,8.314 J/(mol·K)。

以 $1/T$ 为横坐标、$\ln K_d$ 为纵坐标,根据实验相关吸附热力学数据结合热力学方程 (3.22),求得相应温度 K_d 值,以方程(3.19)作图,图 3-29 为 BMPACS 吸附 Ni²⁺ 过程中 $\ln K_d$-$1/T$ 拟合图。将 $1/T$ 值和 $1/T$ 对应的 $\ln K_d$ 数值进行线性拟合,得到的方程如下:

$$\ln K=-6\ 462.722\ 61/T+24.144\ 16 \tag{3.23}$$

通过方程相应的斜率和截距,求得对应的 ΔH 值为 53.731 kJ/mol、ΔS 值为 200.735 J/(mol·K),求得温度 298 K、303 K 和 318 K 时对应的 ΔG 值分别为 −6.088 kJ/mol、−7.092 kJ/mol、−10.103 kJ/mol。表 3.9 为 BMPACS 吸附 Ni²⁺ 的热力学参数一览表。由表 3.9 可得,在不同温度下,$\Delta G<0$ 表明 BMPACS(pH=11)吸附 Ni²⁺ 的过程为自发反应;$\Delta H>0$ 表明 BMPACS(pH=11)吸附 Ni²⁺ 的过程为吸热反应;$\Delta S>0$ 表明在 BMPACS(pH=11)吸附 Ni²⁺ 的过程中固、液界面的无规性增加,BMPACS(pH=11)对

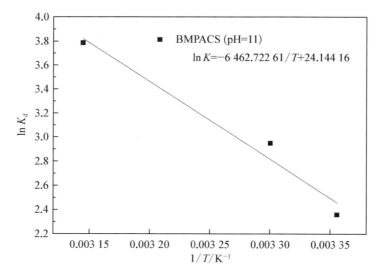

图 3 - 29　**BMPACS 吸附 Ni^{2+} 过程中 ln K_d - 1/T 拟合图**

Ni^{2+} 的亲和力较好。K_d 值随着温度的升高而逐渐增大,这说明升高温度有利于 BMPACS(pH=11)对 Ni^{2+} 的吸附。

表 3.9　**BMPACS 吸附 Ni^{2+} 的热力学参数一览表**

吸 附 材 料	温度(K)	ΔG/(kJ·mol^{-1})	ΔS/(J·mol^{-1}·K^{-1})	ΔH/(kJ·mol^{-1})	K_d/(mL·g^{-1})
BMPACS(pH=11)	298	−6.088	200.735	53.731	10.572
	303	−7.092			19.091
	318	−10.103			44.076

3.5.2　不同材料对镍离子的吸附性能比较

表 3.10 为国内外不同材料对 Ni^{2+} 的吸附性能一览表,通过对比不同材料对 Ni^{2+} 的最大吸附量,可知本文中的改性聚铝废渣对 Ni^{2+} 最大吸附容量为 3.983 mg/g,优于其他材料。

表 3.10　**不同材料对 Ni^{2+} 的吸附性能一览表**

吸附剂	pH	投加量/(g·L^{-1})	反应时间/h	初始浓度/(mg·L^{-1})	最大吸附量/(mg·g^{-1})	参考文献
活性炭	8	2	3.00	4	0.380	[46]
芥菜油饼	8		6.00	100	3.282	[47]
酒糟	7	30	0.50	20	0.649	[48]

续　表

吸附剂	pH	投加量 /(g·L^{-1})	反应时间 /h	初始浓度 /(mg·L^{-1})	最大吸附量 /(mg·g^{-1})	参考文献
磁改性海泡石	5	10		50	2.950	[49]
盐酸改性海泡石	5	10		50	2.400	[50]
高温焙烧底泥	7	10	2.50	30	3.656	[51]
天然沸石		60	0.42	119.27	1.520	[52]
碱改性污泥陶粒	7	28	3.00	10	0.370	[53]
煅烧膨润土	5.3	10	4.20	50	1.910	[54]
碱改性聚铝废渣	5	10	1.00	40	3.983	本文

与其他材料对 Ni^{2+} 吸附实验的反应条件相比,本研究中改性聚铝废渣实验的反应条件适中。目前,使用改性聚铝废渣作为吸附剂除去 Ni^{2+} 的报道较少,但聚铝废渣产量多、分布广,若是能合理回收利用,变废为宝,将有利于促进经济发展,同时也助于对保护环境。

3.5.3　小结

通过吸附动力学和吸附热力学实验,研究吸附剂 BMPACS(pH=11)对 Ni^{2+} 的吸附性能。

从吸附动力学模型中得到:BMPACS(pH=11)对 Ni^{2+} 的吸附过程与准二级动力学模型较为符合,化学吸附影响着吸附过程中速率的变化。BMPACS(pH=11)吸附 Ni^{2+} 的反应在 1 h 内达到吸附平衡状态。Weber-Morris 内扩散方程中 $K_1 > K_2 > K_3$,其吸附速率由膜扩散和内扩散相互作用决定,且膜扩散过程的吸附速率最快。

从吸附等温线模型中得到:BMPACS(pH=11)对 Ni^{2+} 的吸附过程与 Langmuir 吸附等温线模型较为符合,吸附过程更接近单层吸附的特性。

从吸附热力学参数中得到:在不同温度下,$\Delta G < 0$ 表明 BMPACS(pH=11)吸附 Ni^{2+} 的过程为自发反应;$\Delta H > 0$ 表明 BMPACS(pH=11)吸附 Ni^{2+} 的过程为吸热反应;$\Delta S > 0$ 表明在 BMPACS(pH=11)吸附 Ni^{2+} 的过程中,固、液界面的无规性增加。

3.6　碱改性聚铝废渣除镍实验条件的优化分析

采用正交实验和响应曲面法,通过 BMPACS(pH=11)投加量、pH 和浓度这 3 个主要影响因素的设计,对 BMPACS(pH=11)除镍的实验条件进行优化。用三因素三水平正交实验分析 3 个参数的影响程度，使用响应曲面法进一步使结果直观化，从而确定 BMPACS(pH＝11)除镍实验的最佳条件，为其实际运用提供一定的理论数据基础。

3.6.1 正交实验

改性聚铝废渣除镍实验：选取投加量（g/L）、pH 和浓度（mg/L）作为 BMPACS(pH＝11)除镍实验的 3 个主要条件，采用正交实验，每个因素设置 3 个水平，以 C/C_0 作为参考指标，设计优化方案。表 3.11 为三因素三水平正交实验表，结果见表 3.12。

表 3.11　BMPACS(pH＝11)实验因素、水平取值表

水平	投加量/(g·L^{-1})	pH	浓度/(mg·L^{-1})
1	5.0	4.0	40
2	17.5	5.5	120
3	30.0	7.0	200

表 3.12　正交实验结果与分析表

序号	投加量	pH	浓度	C/C_0
1	1	1	1	0.494
2	1	2	2	0.695
3	1	3	3	0.792
4	2	1	2	0.547
5	2	2	3	0.613
6	2	3	1	0.067
7	3	1	3	0.587
8	3	2	1	0.061
9	3	3	2	0.249
K_1	1.981	1.628	0.622	
K_2	1.227	1.369	1.491	
K_3	0.897	1.108	1.992	
k_1	0.660	0.543	0.207	
k_2	0.409	0.456	0.497	
k_3	0.299	0.369	0.664	
极差 R	1.084	0.520	1.370	

在表 3.11 中，根据单因素实验结果，温度变化相对于其他因素，对镍的去除效果变化不大，综合考虑正交实验温度设置为室温，反应时间为 1 h。由于在单因素（投加量）除镍实验

中,投加量为 30 g/L 和 50 g/L 时的除镍效果基本相同,故选用 30 g/L 为最大值。关于 pH 的影响,pH 太低不利用反应进行;初始溶液呈碱性,氢氧根会首先与水中的 Ni^{2+} 反应生成白色絮状物,影响吸附剂的吸附行为研究。综合考虑,分别选取投加量(A, g/L)、pH(B)和浓度(C, mg/L)的最低值、中间值和最大值:5.0、17.5、30.0;4.0、5.5、7.0;40、120、200。

由表 3.12 可知,极差值越大,相关因素对除镍实验的影响越大。对于 C/C_0,3 个因素对其影响程度排序为:浓度>投加量>pH。从单因素考虑,根据 C/C_0 值越小越好,得出:K 或 k 值越小,除镍实验效果越好。通过 K_1、K_2、K_3 值可知,投加量越大、pH 越高、浓度越小,除镍效果越好,这与第 3 章单因素实验中的结论一致。浓度、投加量和 pH 不同程度上对除镍实验的效果有着显著影响,其中影响效果最显著的是浓度,相对于其他两个因素,pH 的影响次之。C/C_0 作为除镍实验的参考指标,相应的最佳条件为 $A_3B_3C_1$。

综合正交实验结果,选择浓度为 40 mg/L、投加量为 30 g/L、pH 为 7 为最佳的除镍实验组合,当反应温度为 30 ℃、反应 1 h 后,C/C_0 为 0.008,Ni^{2+} 去除率为 99.19%,达到《铜、镍、钴工业污染物排放标准》(GB 25467—2010)。

3.6.2　碱改性聚铝废渣响应曲面

响应曲面法(RSM)结合数学统计、回归方程和实验设计,可以提供最佳的工艺参数,简单并准确处理各因素对响应值的影响程度。对于多因素的复杂实验而言,RSM 能通过全方位的分析,合理设计实验、减少实验误差,并给出直观的响应面图和预测的最佳条件参数。

3.6.3　响应曲面设计与结果

1. 设计

响应曲面的第一步是选择合适的影响因素,通过第 3 章的单因素实验结果可以得出较为重要的 3 个影响因素,分别为 pH、浓度和投加量。然后选用 Box - Behnken 设计法设计三因素三水平实验,共 17 组实验。

表 3.13 为 BMPACS(pH=11)响应曲面因子及水平取值表,反应条件设计如下:温度为室温,反应时间为 1 h,投加量(A, g/L)、pH(B)和浓度(C, mg/L)的最低值、中间值和最大值,分别为:5.0、17.5、30.0;4.0、5.5、7.0;40、120、200。响应曲面实验设计及结果,见表 3.14。

表 3.13　BMPACS(pH=11)响应曲面因子及水平取值表

因　　子	单位	编码	水平取值			因素取值		
投加量	g/L	A	−1	0	1	5.0	17.5	30.0
pH		B	−1	0	1	4.0	5.5	7.0
浓度	mg/L	C	−1	0	1	40	120	200

表 3.14   响应曲面试验设计及结果表

序号	A	B	C	C/C_0
1	0	1	1	0.584
2	−1	0	−1	0.417
3	−1	0	1	0.772
4	−1	1	0	0.658
5	−1	−1	0	0.660
6	1	0	1	0.518
7	0	0	0	0.455
8	0	0	0	0.425
9	0	0	0	0.473
10	0	0	0	0.476
11	0	0	0	0.427
12	1	1	0	0.249
13	0	−1	−1	0.121
14	0	−1	1	0.598
15	0	1	−1	0.067
16	1	0	−1	0.061
17	1	−1	0	0.321

响应回归方程及分析结果，见表 3.15。其中，R^2 值为 0.987 2，$P<0.000$ 1，证明该模型能较好地表示 BMPACS(pH=11)的除镍实验结果，为其实际运用提供了理论依据。利用模型预测的最佳条件为：Ni^{2+} 浓度为 41.41 mg/L，投加量为 26.78 g/L，pH 为 6.71。

表 3.15   响应回归方程及分析结果表

响应值	响 应 方 程	F 值	P 值	R^2
C/C_0	$C/C_0 = 0.45 - 0.17A - 0.018B + 0.23C - 0.017AB +$ $0.026AC + 0.010BC + 0.060A^2 - 0.039B^2 - 0.069C^2$	59.88	<0.000 1	0.987 2

以 C/C_0 为响应值的模型分析见表 3.16，拟合的方程显著性好，拟合结果有意义。其中，一次项 A、C，交互项 A^2、C^2 的 P 值均小于 0.05，表明显著。通过 F 值查看影响因子对 C/C_0 的影响次序，F 值越大，因子对 C/C_0 的影响越深。可见，浓度＞投加量＞pH，与正交实验结果一致。各交互项对 C/C_0 的影响次序为：浓度与投加量的交互项＞投加量和 pH 的交互项＞浓度和 pH 的交互项。

表 3.16　回归方程模型方差分析

来　源	平方和 SS (Sum of Squares)	自由度 df	均方 MS (Mean Squares)	F	P(Prob>F)
模型	0.69	9	0.076	59.88	<0.000 1
A -投加量	0.23	1	0.23	181.26	<0.000 1
B - pH	2.520×10^{-3}	1	2.520×10^{-3}	1.98	0.202 0
C -浓度	0.41	1	0.41	320.58	<0.000 1
AB	1.225×10^{-3}	1	1.225×10^{-3}	0.96	0.359 1
AC	2.601×10^{-3}	1	2.601×10^{-3}	2.05	0.195 8
BC	4.000×10^{-4}	1	4.000×10^{-4}	0.31	0.592 4
A^2	0.015	1	0.015	11.98	0.010 5
B^2	6.520×10^{-3}	1	6.520×10^{-3}	5.13	0.058 0
C^2	0.020	1	0.020	15.92	0.005 3
残差	8.902×10^{-3}	7	1.272×10^{-3}		
拟合不足	6.525×10^{-3}	3	2.175×10^{-3}	3.66	0.121 1
误差	2.377×10^{-3}	4	5.924×10^{-4}		
总误差	0.69	16			

　　图 3-30 所示为残差的正态概率分布,其中点越靠近直线越好。图 3-31 所示为预测值与实验实际值的对应关系图,其中点越靠近一条直线越好,说明预测值越接近实验实际值。图 3-32 所示为残差与方程预测值的对应关系图,其中点分布越分散越无规律,效果越好。

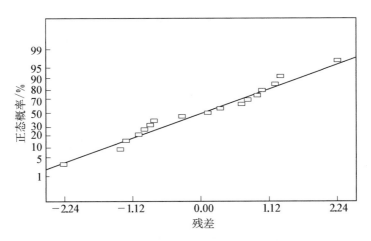

图 3-30　残差正态概率分布图

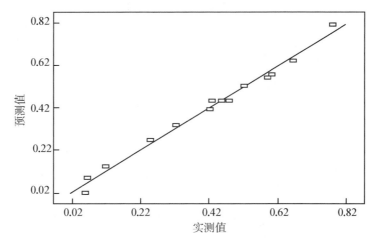

图 3-31　预测值与实验实际值对应关系图

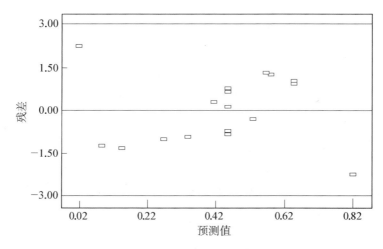

图 3-32　残差与方程预测值对应关系图

2. 响应曲面三维图

为了进一步了解 3 个因素中两个因素之间的交互关系,将投加量(A)、pH(B)和浓度(C)两两组合,绘制其对于 C/C_0 影响的响应面图,如图 3-33 所示。三维图能更直观地展示在某个影响因素不变的情况下,其他两个因素对除镍效果的联合影响情况。通过响应面图的凹凸和斜坡程度,可以大致判断各因素对于响应值 C/C_0 的影响程度。

图 3-33(a)中,随着 BMPACS(pH=11)投加量的增加,C/C_0 的值逐渐减小,即其除镍效果越好,但相对于投加量而言,pH 对 C/C_0 的影响程度不大;图 3-33(b)中,C/C_0 的值在 0.06~0.61 之间,浓度对 C/C_0 的影响程度很大,随着浓度逐渐减小,其除镍效果愈发显著,相对于浓度而言,pH 对 C/C_0 的影响程度也不大;图 3-33(c)中,C/C_0 的值在

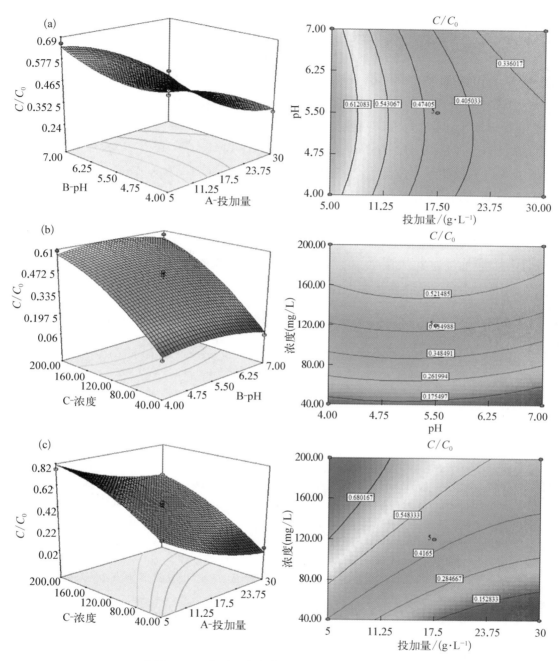

图 3 - 33　以 C/C_0 为响应值的响应曲面和等高线图

$0.02 \sim 0.82$ 之间,对于 C/C_0 影响较大的两个因素为浓度和投加量,从曲面坡度可以看出,浓度对于 C/C_0 的影响程度大于投加量的,浓度越小、投加量越大,C/C_0 的值越小,BMPACS(pH=11)除镍效果越好。综合而言,浓度和投加量的交互作用最大,且影响程度按从大到小排序为:浓度>投加量>pH,这符合正交实验结果。

3.6.4 小结

采用正交实验和响应曲面法,通过投加量、pH 和浓度这 3 个主要影响因素对 BMPACS(pH=11)的除镍条件,进行优化分析。

通过对 BMPACS(pH=11)除镍效果进行正交实验,以 C/C_0 值为参考值,可得:浓度越小,投加量和 pH 越大,C/C_0 就越小,除镍效果越好。3 个因素对 C/C_0 的影响程度排序为:浓度>投加量>pH。将 Ni^{2+} 浓度为 40 mg/L,BMPACS(pH=11)投加量 30 g/L,pH 为 7 作为最佳除镍实验组合,室温下,反应 1 h 后,C/C_0 为 0.008,Ni^{2+} 的去除率为 99.19%,可达到《铜、镍、钴工业污染物排放标准》(GB 25467—2010)。

通过响应曲面法对投加量、浓度和 pH 进行进一步的优化分析,解得回归方程的 R^2 值为 0.987 2,$P<0.000$ 1,模型预测的最佳条件:Ni^{2+} 浓度为 41.41 mg/L,BMPACS (pH=11)投加量为 26.78 g/L,pH 为 6.71。当考虑两因素联合作用时,浓度和投加量的交互作用对 C/C_0 的影响程度最大。

主要参考文献

[1] Jin R J, Peng C S, Abou-Shady A, et al. Recovery of precious metal material Ni from nickel containing wastewater using electrolysis[J]. Applied Mechanics and Materials, 2012, 164: 263 - 267.

[2] 李乐卓,王三反,常军霞,等.中和共沉淀-铁氧体法处理含镍、铬废水的实验研究[J].环境污染与防治,2015,37(1):31 - 34.

[3] 刘转年,宋叶静,常青.一种重金属螯合剂的制备及其性能[J].环境工程学报,2012,6(11):3915 - 3918.

[4] Vijayaraghavan K, Palanivelu K, Velan M. Treatment of nickel containing electroplating effluents with Sargassum wightii biomass[J]. Process Biochemistry, 2006, 41(4): 853 - 859.

[5] Fawzy M, Nasr M, Adel S, et al. Regression model, artificial neural network, and cost estimation for biosorption of Ni(II)-ions from aqueous solutions by Potamogeton pectinatus[J]. International Journal of Phytoremediation, 2018, 20(4): 321 - 329.

[6] 陆继来,曹蕾,周海云,等.离子交换法处理含镍电镀废水工艺研究[J].工业安全与环保,2013,39 (12):17 - 19.

[7] 武延坤,刘欢,朱佳,等.陶瓷膜短流程工艺处理重金属废水的中试研究[J].水处理技术,2015,41 (8):96 - 99.

[8] 李长平,辛宝平,徐文国.离子液体对 Cu(Ⅱ)和 Ni(Ⅱ)的萃取性能[J].大连海事大学学报,2008, 34(3):19 - 22.

[9] Es-sahbany H, Berradi M, Nkhili S, et al. Removal of heavy metals (nickel) contained in wastewater-models by the adsorption technique on natural clay[J]. Science Direct, 2019, 13: 866 - 875.

[10] Wei B G, Zhu X F, Cheng X B. Facile Preparation of magnetic graphene oxide and attapulgite composite adsorbent for the adsorption of Ni (II)[J]. IOP Conference Series: Earth and

Environmental Science, 2017, 104: 1 - 6.

[11] 周笑绿,卢江涛.改性粉煤灰对含镍废水的吸附研究[J].洁净煤技术,2009,28(2):99 - 102.

[12] 王保成,吴雪峰,柳伟,等.膨润土吸附剂处理含镍(Ⅱ)废水的研究[J].当代化工,2010,39(5): 37 - 39.

[13] 罗芳旭,于书店,汪晓军,等.膨润土结合 PAM 处理含镍废水的研究[J].工业水处理,2002,22(3): 20 - 22.

[14] 于瑞莲,胡恭任,蔡德钰.膨润土小球的制备及其对废水中镍(Ⅱ)的吸附作用研究[J].中国矿业, 2009,18(2):108 - 111.

[15] 李蕊,郭丽敏,王素娥.复合改性粉煤灰处理含镍电镀废水的研究[J].电镀与环保,2019,39(1): 74 - 76.

[16] Ho Y S. Citation review of Lagergren kinetic rate equation on adsorption reactions [J]. Scientometrics, 2004, 59(1): 171 - 177.

[17] Ho Y S, Mckay G. Pseudo-second order model for sorption processes[J]. Process Biochemistry, 1999, 34(5): 451 - 465.

[18] Weber J, Morris J C. Kinetics of adsorption of carbon from solution[J]. Sanit. Eng. Divis. 1963, 89(1): 31 - 59.

[19] Aharoni C, Ungarish M. Kinetics of activated chemisorption, part 1: the non-elovich part of the isotherm[J]. Chem. Soc. Faraday Trans. Phys. Chem. Condens. Phases, 1976, 72: 400 - 408.

[20] Mathangi J B, Kalavathy M H. Study of mathematical models for the removal of Ni^{2+} from aqueous solutions using Citrullus lanatus rind, an agro-based waste[J]. Water and Environment Journal, 2019, 33(2): 276 - 291.

[21] Langmuir I. The adsorption of gases on plane surfaces of glass, mica and platinum[J]. Am. Chem. Soc. 1918, 143(9): 1361 - 1403.

[22] Freundlich H. Over the adsorption in solution[J]. Phys Chem, 1906, 57: 385 - 387.

[23] Chia C H, Duong T D, Nguyen K L, et al. Thermodynamic aspects of sorption of Fe^{2+} onto unbleached kraft fibres[J]. Journal of Colloid and Interface Science, 2007, 307(1): 29 - 33.

[24] Li X D, Zhai Q Z. Nano mesocellular foam silica (MCFs): An effective adsorbent for removing Ni^{2+} from aqueous solution[J]. Water Science and Engineering, 2019, 12(4): 298 - 306.

[25] Ferella F, Leone S, Innocenzi V, et al. Synthesis of zeolites from spent fluid catalytic cracking catalyst[J]. Journal of Cleaner Production, 2019, 230: 910 - 926.

[26] Almeida F T R, Elias M M C, Xavier A L P, et al. Synthesis and application of sugarcane bagasse cellulose mixed esters. part II: removal of Co^{2+} and Ni^{2+} from single spiked aqueous solutions in batch and continuous mode[J]. Journal of Colloid and Interface Science, 2019, 552: 337 - 350.

[27] Gupta S, Sharma S K, Kumar A. Biosorption of Ni(II) ions from aqueous solution using modified Aloe barbadensis Miller leaf powder[J]. Water Science and Engineering, 2019, 12(1): 27 - 36.

[28] Tabatabaeefar A, Keshtkar A R, Talebi M, et al. Polyvinyl alcohol/alginate/zeolite nanohybrid for removal of metals[J]. Chemical Engineering Technology, 2020, 43(2): 343 - 354.

[29] Sohail I, Bhatti I A, Ashar A, et al. Polyamidoamine (PAMAM) dendrimers synthesis, characterization and adsorptive removal of nickel ions from aqueous solution[J]. Journal of Materials Research and Technology, 2020, 9(1): 498 - 506.

[30] Ayala J, Fernández B. Treatment of mining waste leachate by the adsorption process using spent coffee grounds[J]. Environmental Technology, 2018, 40(1): 1 - 37.

[31] Su P D, Zhang J K, Tang J W, et al. Preparation of nitric acid modified powder activated carbon to remove trace amount of Ni(II) in aqueous solution[J]. Water Science Technology, 2019, 80 (1): 86 - 97.

[32] Dehghani M H, Sarmadi M, Alipour M R, et al. Investigating the equilibrium and adsorption kinetics in the removal of Ni(II) ions from aqueous solutions using adsorbents prepared from the modified waste newspapers: a low-cost and available adsorbent[J]. Microchemical Journal, 2019, 146: 1043 - 1053.

[33] Fan X L, Xia J R, Long J Y. The potential of nonliving Sargassum hemiphyllum as a biosorbent for nickel (II) removal-isotherm, kinetics, and thermodynamics analysis [J]. Environmental Progress and Sustainable Energy, 2019, 38(1): 250 - 259.

[34] Liu L H, Liu J Y, Zhao L, et al. Synthesis and characterization of magnetic Fe_3O_4@$CaSiO_3$ composites and evaluation of their adsorption characteristics for heavy metal ions [J]. Environmental Science and Pollution Research, 2019, 26: 8721 - 8736.

[35] Wu J M, Cheng X, Yang G S. Preparation of nanochitin-contained magnetic chitosan microfibers via continuous injection gelation method for removal of Ni(II) ion from aqueous solution[J]. International Journal of Biological Macromolecules, 2019, 125: 404 - 413.

[36] Yang S, Li J, Shao D, et al. Adsorption of Ni(II) on oxidized multi-walled carbon nanotubes: Effect of contact time, pH, foreign ions and PAA[J]. Journal of Hazardous Materials, 2009, 166 (1): 109 - 116.

[37] 苟开晟.废聚铝废渣制备聚硅酸铝铁絮凝剂及应用研究[D].南昌:南昌大学,2014.

[38] 崔林静.重金属离子在水合氧化铁(铝)/水体系的微界面过程研究[D].石家庄:河北师范大学,2013.

[39] Sheng G, Yang S, Sheng J, et al. Macroscopic and microscopic investigation of Ni (II) sequestration on diatomite by Batch, XPS, and EXAFS techniques[J]. Environmental Science and Technology, 2011, 45(18): 7718 - 7726.

[40] Charlet L, Manceau A. Evidence for the neoformation of clays upon sorption of Co(II) and Ni(II) on silicates[J]. Geochimica Et Cosmochimica Acta, 1994, 58(11): 2577 - 2582.

[41] 张保见.复合蒙脱石颗粒材料的制备及处理电镀工业废水的研究[D].武汉:武汉理工大学,2009.

[42] Wongrod S, Stéphane Simon, Guibaud G, et al. Lead sorption by biochar produced from digestates: Consequences of chemical modification and washing[J]. Journal of Environmental Management, 2018, 219: 277 - 284.

[43] 肖洪涛.氨基改性海泡石的制备及其对 Ni^{2+} 的吸附性能研究[D].广州:广东工业大学,2018.

[44] 徐进栋,季聪,冯凡,等.改性栗壳吸附重金属离子的动力学及热力学研究[J].环境保护科学,2016,42(6): 68 - 74.

[45] Liang X, Wei G, Xiong J, et al. Adsorption isotherm, mechanism, and geometry of Pb(II) on magnetites substituted with transition metals[J]. Chemical Geology, 2017, 470: 132 - 140.

[46] Salas-Enríquez B G, Torres-Huerta A M, Conde-Barajas E, et al. Stabilized landfill leachate treatment using Guadua amplexifolia bamboo as a source of activated carbon: kinetics study[J]. Environmental Technology Letters, 2019, 40(6): 768 - 783.

[47] Khan M A, Ngabura M, Choong T S Y, et al. Biosorption and desorption of nickel on oil cake: batch and column studies[J]. Bioresource Technology, 2012, 103: 35 - 42.

[48] 凌琪,吴梦,伍昌年,等.改性酒糟对电镀废水中 Cr^{6+}、Ni^{2+} 的吸附研究[J].应用化工,2017,(11):

14 - 17.

［49］　李琛,夏强,曹阳,等.用磁改性海泡石处理含镍废水［J］.电镀与涂饰,2015,34(1)：47 - 52.

［50］　李琛,夏强,曹阳,等.盐酸改性海泡石对含 Ni^{2+} 废水处理效果研究［J］.电镀与精饰,2015,(3)：36 - 41.

［51］　程杨,杨月红,于珊珊,等.高温焙烧底泥吸附重金属 Mn^{2+} 和 Ni^{2+} 的动力学与热力学研究［J］.硅酸盐通报,2015,34(7)：1850 - 1856.

［52］　王强,王银叶,荆立坤,等.天然沸石处理电镀废水中镍吸附特性的研究［J］.天津城市建设学院学报,2008,14(3)：45 - 47.

［53］　李一兵,路广平,张彦平,等.碱改性污泥陶粒对水中 Ni^{2+} 的吸附［J］.工业水处理,2018,38(12)：58 - 61.

［54］　Vieira M G A，Neto A F A，Gimenes M L，et al. Sorption kinetics and equilibrium for the removal of nickel ions from aqueous phase on calcined Bofe bentonite clay［J］. Journal of Hazardous Materials，2010，177(1 - 3)：362 - 371.

第 4 章
碱改性聚铝废渣应用于刚果红染料废水的处理

4.1　刚果红染料废水处理技术

4.1.1　染料废水的来源与危害

我国是工业大国,每年有大量染料被应用在化妆品、印染品、化学试剂等生产行业中,导致产生大量的染料废水,污染环境及损害人类健康。据统计,工业用水污染中约有 17%～20% 是由纺织品的染色和处理造成的[1]。染料废水若是不及时处理会对水体、土壤、动植物,甚至人类健康等造成严重危害。

4.1.2　染料废水处理技术

处理染料废水的方法可分为物理法、化学法和生物法三种。

1. 物理法

(1) 吸附法

吸附法主要是投加黏土、活性炭、金属有机骨架等[2]吸附剂在废水中,或者让废水通过具有高比表面积和良好化学稳定性等特点的吸附剂所组成的滤床,从而达到去除染料废水色度的目的。一般情况,低分子量的酸性或活性染料,其吸附性能较疏水性分散染料低。采取改变温度、酸碱度和反应时间等方式可确定较佳效果。

汤睿等[3]在磁性膨润土中添加十六烷基三甲基溴化铵对其改性,利用改性后的膨润土处理刚果红(CR)染料废水,在 pH 为 3～5 的条件下,CR 染料去除率为 91%,经过 5 次循环利用后仍有 90% 的去除率。由于 CR 是阴离子染料,在酸性环境下,其能与 H^+ 结合,通过与改性后具有适当比表面积且多孔的膨润土中 Ca^{2+}、Na^+ 等离子交换、表面吸附及静电作用,从而达到有效处理 CR 染料废水目的。蒋绍阶等[4]选用磁性核壳金属有机骨架 Fe_3O_4@ZIF-8 处理 CR 染料废水,其具有较好的磁性,当 pH 为 6,反应 3 h 后,可达到吸附平衡。当溶液呈酸性时,吸附剂对 CR 为静电吸引;pH 升高,两者间为静电排斥。Hu 等[5]选用复合磁性木质素作为处理 CR 染料的吸附剂,该材料在 pH 为 7 时达到的最高吸附容量为 198.24 mg/g。Zhang 等[6]选用三维花状磁性赤铁矿颗粒处理高浓度

CR 染料,其具有高表面积多孔分层结构,吸附量为 102.7 mg/g,该吸附剂可通过 NaOH 溶液解吸,再生效果好。

（2）膜分离法

Li 等[7]选用改性聚氨酯泡沫作为基材制备氧化石墨烯复合膜,处理 CR 染料废水,去除机理主要是染料聚集和染料分子与膜表面间的静电相互作用及氢键。司学见[8]选用含有羟基、羧基官能团的氧化石墨烯制备纳滤膜,处理 CR 染料废水,CR 染料截留率在 99% 以上。

（3）离子交换法

贾韫翰等[9]选用磁性离子交换树脂处理 CR 染料废水,并以响应曲面法确定最优条件:对于浓度 40.60 mg/L 的 CR 染料,当 pH 为 7.06、离子交换树脂投加量为 1.0 mL/L、反应时间为 196.68 min 时,对 CR 染料处理效果最佳,去除率为 98.29%。

2. 化学法

化学法对染料废水的治理主要原理是利用氧化剂将高分子染料废水分解成小分子物质。常用的处理染料废水的化学法有:

（1）直接化学氧化法

直接化学氧化法中的氧化剂有:次氯酸钠、过氧化氢以及臭氧等。陈琛等[10]应用非均相芬顿法处理 CR 染料废水,探究过氧化氢和铁粉的最佳比例,当铁粉与过氧化氢（物质量之比）为 10.9∶1 时,处理效果较佳。

（2）电化学法

张涛等[11]选用电化学聚合法处理 CR 染料废水,降解途径可能是 CR 染料分子先进行开环或氧化裂解反应后,出现自由基,再发生电聚合反应;或者是由于水电解形成羟基自由基,然后其进攻其他有机污染物分子。

3. 生物法

常用的处理染料废水的生物法有好氧生物处理法、厌氧生物处理法和好氧-厌氧生物处理法。金显春等[12]利用十六烷基三甲基溴化铵修饰后的烟曲霉菌处理 CR 染料废水,其中对 CR 染料起重要吸附作用的基团为氨基,羟基和羧基也有脱色作用。Harry-asobara 等[13]选用白腐菌和肠杆菌共培养物处理 CR 染料,当 pH 为 4.5,共培养物可去除 90% 的 CR,单独白腐菌可去除 69% 的 CR,pH 是决定微生物和染料脱色的最佳生理性能的重要因素,其影响细胞生长及各种生化和酶促机制。

相较于其他处理 CR 染料废水的方法而言,吸附法操作简单、成效快,不易产生二次污染。吸附剂的选用是研究者关注的重点,寻找一种价格低廉、处理效果好的吸附剂一直是实验探究的重要目标之一。CR 染料废水部分处理技术分类,如图 4-1 所示。

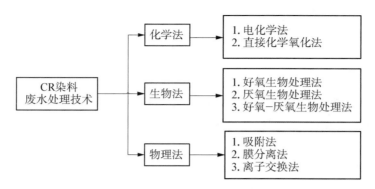

图 4 - 1   CR 染料废水部分处理技术分类图

4.2   实验材料与方法

本实验所用的 PACS 及 BMPACS 的制备同第 3 章。

4.2.1   刚果红染料废水的处理方法

CR 染料废水处理方法:按不同浓度称取相应质量的 CR,配制模拟 CR 染料废水。用 0.1 mol/L NaOH 和 0.1 mol/L H_2SO_4 调节溶液 pH。按原 PACS 和 BMPACS 的投加量、反应温度和时间、CR 废水初始 pH 和浓度进行实验。在相应时间点各取 6 mL 水样,以 10 000 r/min 的转速离心 5 min 并分离,取上清液,使用紫外分光光度仪测定相关吸光度。

1. 投加量对 CR 染料废水处理效果的影响

BMPACS(pH=7)除 CR:各取 100 mL 浓度为 100 mg/L 的模拟 CR 染料废水于 250 mL 的烧杯中,使用 0.1 mol/L NaOH 和 0.1 mol/L H_2SO_4 调节溶液 pH 至 5,将烧杯置于集热式磁力加热搅拌器中,分别投加 0.1 g、0.2 g、0.3 g、0.4 g 和 0.5 g 的 BMPACS(pH=7),在相同转速、反应温度为 30 ℃的条件下,覆保鲜膜反应 40 min,在相应时间点各取 6 mL 反应后水样,10 000 r/min 离心 5 min 分离,取上清液,使用紫外分光光度仪测定其吸光度。

2. 初始 pH 对 CR 染料废水处理效果的影响

BMPACS(pH=7)除 CR:各取 100 mL 浓度为 100 mg/L 的模拟 CR 染料废水于 250 mL 的烧杯中,使用 0.1 mol/L NaOH 和 0.1 mol/L H_2SO_4 分别调节溶液初始 pH 为 3、5、7、9 和 11,将烧杯置于集热式磁力加热搅拌器中,在相同转速、BMPACS(pH=7)投加量 0.3 g、反应温度为 30 ℃的条件下,覆保鲜膜反应 40 min,在相应时间点各取 6 mL 反应后水样,以 10 000 r/min 的转速离心 5 min 并分离,取上清液,使用紫外分光光度仪测定其吸光度。

3. 浓度对 CR 染料废水处理效果的影响

BMPACS(pH=7)除 CR:各取 100 mL 浓度分别为 100 mg/L、150 mg/L、200 mg/L、250 mg/L 和 300 mg/L 的模拟 CR 染料废水于 250 mL 的烧杯中,使用 0.1 mol/L NaOH 和 0.1 mol/L H_2SO_4 调节溶液 pH 至 5,将烧杯置于集热式磁力加热搅拌器中,在相同转速、BMPACS(pH=7)投加量为 0.3 g、应温度为 30 ℃的条件下,覆保鲜膜反应 40 min,在相应时间点各取 6 mL 反应后水样,以 10 000 r/min 的转速离心 5 min 并分离,取上清液,使用紫外分光光度仪测定其吸光度。

4. 温度对 CR 染料废水处理效果的影响

BMPACS(pH=7)除 CR:各取 100 mL 浓度为 100 mg/L 的模拟 CR 染料废水于 250 mL 的烧杯中,使用 0.1 mol/L NaOH 和 0.1 mol/L H_2SO_4 调节溶液 pH 至 5,将烧杯置于集热式磁力加热搅拌器中,分别调节温度为 30 ℃、45 ℃和 60 ℃,在相同转速、BMPACS(pH=7)投加量为 0.3 g 的条件下,覆保鲜膜反应 40 min,在相应时间点各取 6 mL 反应后水样,以 10 000 r/min 的转速离心 5 min 并分离,取上清液,使用紫外分光光度仪测定其吸光度。

5. 反应时间对除镍/CR 染料废水效果的影响

BMPACS(pH=7)除 CR:各取 100 mL 浓度为 100 mg/L 的模拟 CR 染料废水于 250 mL 的烧杯中,使用 0.1 mol/L NaOH 和 0.1 mol/L H_2SO_4 调节溶液 pH 至 5,将烧杯置于集热式磁力加热搅拌器中,在相同转速下、BMPACS(pH=7)投加量为 0.3 g、反应温度为 30 ℃的条件下,覆保鲜膜分别反应 3 min、5 min、15 min、30 min 和 40 min,在相应时间点各取 6 mL 反应后水样,以 10 000 r/min 的转速离心 5 min 并分离,取上清液,使用紫外分光光度仪测定其吸光度。

6. 吸附动力学实验

BMPACS(pH=7)除 CR:取 100 mL 浓度为 100 mg/L 的模拟 CR 废水于 250 mL 的烧杯中,使用 0.1 mol/L NaOH 和 0.1 mol/L H_2SO_4 调节溶液 pH 至 5,将烧杯置于集热式磁力加热搅拌器中,在相同转速、BMPACS(pH=7)投加量为 0.3 g、反应温度为 30 ℃的条件下,覆保鲜膜反应,定时各取 6 mL 反应后水样,以 10 000 r/min 的转速离心 5 min 并分离,取上清液,使用紫外分光光度仪测定其吸光度。

7. 吸附等温线实验

BMPACS(pH=7)除 CR:取 100 mL 浓度分别为 100 mg/L、150 mg/L、200 mg/L、250 mg/L 和 300 mg/L 的模拟 CR 染料废水于 250 mL 的烧杯中,使用 0.1 mol/L NaOH 和 0.1 mol/L H_2SO_4 调节溶液 pH 至 5,将烧杯置于集热式磁力加热搅拌器中,在相同转速、BMPACS(pH=7)投加量为 0.3 g、反应温度为 30 ℃的条件下,覆保鲜膜反应,达到吸

附平衡后,各取 6 mL 反应后水样,以 10 000 r/min 的转速离心 5 min 并分离,取上清液,使用紫外分光光度仪测定其吸光度。

8. 吸附热力学实验

BMPACS(pH=7)除 CR:取 100 mL 浓度为 100 mg/L 的模拟 CR 染料废水于 250 mL 的烧杯中,使用 0.1 mol/L NaOH 和 0.1 mol/L H$_2$SO$_4$调节溶液 pH 至 5,将烧杯置于集热式磁力加热搅拌器中,分别设置反应温度为 30 ℃、45 ℃ 和 60 ℃,在相同转速、BMPACS(pH=7)投加量为 0.3 g 的条件下,覆保鲜膜反应,达到吸附平衡后,各取 6 mL 反应后水样,以 10 000 r/min 的转速离心 5 min 并分离,取上清液,使用紫外分光光度仪测定其吸光度。

4.2.2   理化指标分析方法

1. CR 的测定

CR 测定方法:紫外分光光度法。在波长 498 nm 处测不同浓度 CR 的吸光度值,根据标准浓度测定的吸光度值,绘制标准曲线,由曲线读取实验反应后的 CR 浓度,CR 标准曲线,如图 4 - 2 所示。

CR 去除率可表示为:

$$\eta = 1 - \frac{C}{C_0} \tag{4.1}$$

式中,η 为 CR 去除率,%;C 为反应后溶液中 CR 浓度,mg/L;C_0 为未反应前溶液中 CR 浓度,mg/L。

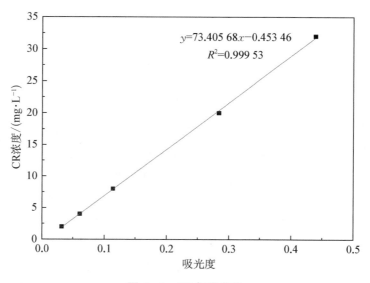

图 4 - 2   CR 标准曲线

2. 红外光谱分析

采用 iS50 傅立叶红外光谱仪在波长 $400 \sim 4\,000\,cm^{-1}$ 区间，以 $4\,cm^{-1}$ 的分辨率进行扫描，得到样品的红外光谱图（FTIR）。通过 FTIR 能有效了解物质的官能团及相应原子的化学键等重要物质结构。

3. X-射线衍射

采用 D/max-2500 X-射线衍射仪对 PACS 和 BMPACS 样品进行分析。测试参数为：CuKα 射线（λ＝0.178 9 nm），管电压为 40 kV，电流为 250 mA，以不间断连续扫描方式进行采样，测角转速器的转速为 8°/min，起始角度为 5°，终止角度为 80°。利用软件 Jade 6.5 所有卡片数据库对 XRD 主要衍射峰进行查对分析，如 XRD 图谱扣除衍射峰背底、特征峰匹配、物相等。

4. X-射线荧光光谱分析

采用 X-射线荧光光谱仪（型号 XRF-1800）进行测试。该仪器采用顺序扫描式的测定方法，其分析元素范围为 $^5B \sim {}^{92}U$。在测定前，样品必须先干燥处理，研磨至 100 目以下，再压片，然后进行测试。

5. 比表面及孔隙度分析

采用 ASAP 2460 全自动比表面及孔隙度分析仪（BET）对 PACS 和 BMPACS 样品进行分析。通过 N_2 吸附脱附 BET 技术，可以了解物质的比表面积、孔径分布、孔容大小等重要形貌信息。

6. X-射线光电子能谱分析

利用 X-射线光电子能谱分析，能够分析测定物质的元素组成及相应的元素价态。本实验采用 Kalpha X-射线光电子能谱分析仪，对 PACS 和 BMPACS 样品进行分析。

7. 纳米粒度及 Zeta 电位分析

采用 ZS 90 纳米粒度及 Zeta 电位分析仪测定 BMPACS（pH＝7）的 Zeta 电位，以水作为分散剂，对样品进行 5 min 的超声预处理，使样品分散均匀，无沉淀与团聚现象发生。通过不同 pH 条件下测得的样品 Zeta 电位绘制拟合线，可得到相应样品的等电位，这有助于判断样品在不同溶液 pH 下的电荷带电情况。

8. 扫描电子显微镜

扫描电子显微镜是对样品表面形态进行测试的一种大型仪器。扫描电镜通过采集包括二次电子、背散射电子、吸收电子、透射电子、俄歇电子、X 射线等信号，对样品进行分析，获取被测样品各种物理的、化学的性质信息，如形貌、组成、晶体结构、电子结构和内部电场或磁场等。在本实验中，采用环境扫描电镜（型号：S4800）对样品进行微观表面形貌、微观组织结构、微观区域的元素成分分析。扫描电镜所用样品为粉末状，将粉末状样品用导电胶粘在合金样品架上，样品架表面需喷金。

4.3　不同聚铝废渣处理刚果红染料废水的影响因素研究

随着纺织品、化妆品等生产行业的快速发展,产生了大量染料废水。染料废水具有"三致作用"。染料分子中含有大量的有毒有机成分,不仅会破坏生态环境,危害动植物生长,严重时甚至会通过食物链对人体健康产生危害。本实验主要是对聚铝废渣进行改性,然后将其作为吸附剂处理刚果红染料废水,通过单因素实验观察聚铝废渣的投加量、反应温度和时间、CR 废水初始 pH 和浓度变化对 CR 去除效果及相应规律的影响,采用表征对吸附行为进行解释。

4.3.1　对照实验

不同聚铝废渣去除刚果红染料废水的效果,如图 4-3 所示。100 mL 浓度为 100 mg/L 的 CR 废水,溶液 pH 为 5,在相同转速下,各投加 0.5 g 的 PACS、BMPACS (pH＝7)、BMPACS(pH＝8)、BMPACS(pH＝9)和 BMPACS(pH＝10),在室温下覆膜反应 40 min,以 10 000 r/min 的转速离心并分离,取上清液进行测定。反应的前 15 min,PACS 去除 CR 的效果优于 BMPACS(pH＝10),但之后 PACS 对 CR 的去除效果趋于平缓。反应 40 min 后,BMPACS(pH＝10)对 CR 的去除率为 79.33%; PACS 对 CR 的去除率为 61.97%。反应 10 min 时,BMPACS(pH＝7)对 CR 的去除率为 98.35%。

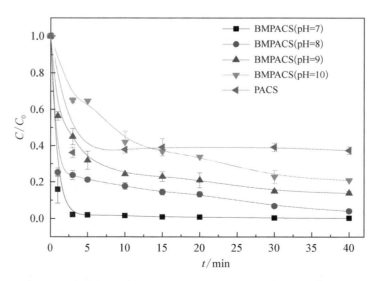

图 4-3　不同聚铝废渣对刚果红染料废水的处理效果(C 为反应后溶液中 CR 浓度,C_0 为未反应前溶液中 CR 浓度)

在相同条件下,各类聚铝废渣对刚果红染料废水的去除效果排列顺序为：BMPACS (pH＝7)＞BMPACS(pH＝8)＞BMPACS(pH＝9)＞PACS＞BMPACS(pH＝10)(反应的前 15 min)；BMPACS(pH＝7)＞BMPACS(pH＝8)＞BMPACS(pH＝9)＞BMPACS (pH＝10)＞PACS(反应 15 min 之后)。

图 4－4 所示为 pH 为 5、转速为 10 000 r/min 的离心条件下,不同聚铝废渣去除 CR 染料废水时,废水的颜色变化图。图 4－4(a)为原始 CR 废水的颜色,图 4－4(d)为 PACS 处理 CR 后废水的颜色,图 4－4(b)为 BMPACS(pH＝7)处理 CR 后废水的颜色,图 4－4 (e)为 BMPACS(pH＝8)处理 CR 后废水的颜色,图 4－4(c)为 BMPACS(pH＝9)处理 CR 后废水的颜色,图 4－4(f)为 BMPACS(pH＝10)处理 CR 后废水的颜色。反应时间从 (a)到(f)依次为 1 min、3 min、5 min、10 min、15 min、20 min、30 min 和 40 min。图 4－4 中各中聚铝废渣去除 CR 时废水颜色的变化符合图 4－3 所示的 CR 浓度变化趋势。随着反应时间的增长,CR 废水的颜色逐渐变浅,各类聚铝废渣对 CR 的吸附效果越好,其中, BMPACS(pH＝7)对 CR 的去除效果最佳。综上所述,后续选用 BMPACS(pH＝7)作为去除 CR 染料的吸附剂,进行单因素实验。

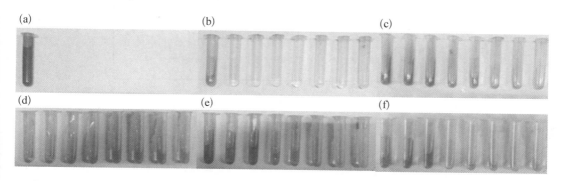

图 4－4　不同聚铝废渣去除刚果红染料废水时其颜色变化图

4.3.2　单因素实验

1. 投加量

图 4－5 所示为不同投加量下 BMPACS 处理 CR 染料废水效果。向 100 mL CR 浓度为 100 mg/L 的溶液中分别投加 0.1 g、0.2 g、0.3 g、0.4g 和 0.5 g 的 BMPACS (pH＝7),在相同转速、pH 为 5、反应温度为 30 ℃下,进行吸附实验。随着吸附剂投加量的增加,BMPACS(pH＝7)对 CR 的吸附效果不断提升,CR 的去除效率不断升高。当 BMPACS(pH＝7)投加量为 0.1 g,反应 40 min 后,CR 的去除率为 74.18%。投加量为 0.4 g 和 0.5 g 时,其 C/C_0 曲线基本重合,投加量为 0.3 g 及以上时对 CR 的去除率没有太大的提高,去除率趋于稳定,这表明 BMPACS(pH＝7)对 CR 的吸附已达到饱和状态。投加量为 0.3 g,反应 40 min 后,CR 的去除率为 98.66%。造成这种结果的原因可

能是随着吸附剂投加量的增加,其能与 CR 反应的基团数量增多,增加了吸附剂的不饱和吸附位点,从而提高了吸附剂对 CR 的吸附效率;但由于 CR 的初始浓度有限,当投加量从 0.3 g 增至 0.5 g 时,吸附剂对 CR 的吸附量已达到饱和状态。从经济和节约的角度考虑,投加量为 0.3 g 时,虽然反应的前 20 min,对 CR 的去除趋势不如投加量为 0.4 g 和 0.5 g 时的变化快,但 20 min 之后的 C/C_0 曲线基本与投加量为 0.4 g 和 0.5 g 时的曲线重合。因此,在后续关于 pH、浓度、温度和反应时间的单因素实验中,聚氯废渣投加量均为 0.3 g。

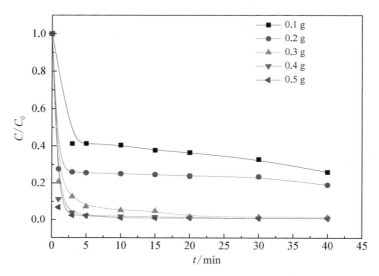

图 4‒5 不同投加量下 BMPACS 处理 CR 染料废水效果图

2. 初始 pH

图 4‒6 所示为 BMPACS(pH=7)的不同 pH‒Zeta 电位线性拟合图,BMPACS(pH=7)的等电点为 5.2,相关文献报道 CR 的等电点为 3.3[14]。图 4‒7 所示为不同初始 pH 下,BMPACS 去除 CR 染料废水的效果图。向 100 mL 浓度为 100 mg/L 的模拟 CR 染料废水中投加 0.3 g BMPACS(pH=7),在相同转速、pH 为 3、5、7、9、11、反应温度为 30 ℃ 的条件下,覆膜反应 40 min,以 10 000 r/min 的转速离心,并取上清液进行测定。由于 CR 的等电点为 3.3,当 pH<3.3 时,CR 表面带正电,当 pH>3.3 时,CR 表面带负电;BMPACS(pH=7)的等电点为 5.2,当 pH<5.2 时,BMPACS(pH=7)表面带正电,当 pH>5.2 时,BMPACS(pH=7)表面带负电。当溶液 pH 为 3 时,CR 和 BMPACS(pH=7)的表面都带正电;当 pH 为 7、9、11 时,CR 和 BMPACS(pH=7)的表面都带负电,两者间存在静电排斥,所以 BMPACS(pH=7)对 CR 的降解效果逐渐变差。当 pH 为 5 时,CR 表面带负电,BMPACS(pH=7)表面带正电,两者间存在静电吸引,并且 BMPACS(pH=7)中的—OH 易与 CR 中的 N、O、S 元素和苯环等作用形成氢键[15],所以在溶液

pH 为 5 的条件下,BMPACS(pH=7)对 CR 的去除效果最佳,反应 40 min 后,CR 的去除率达到 98.66%。

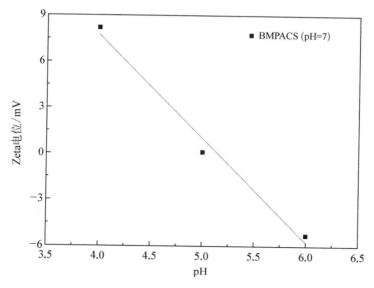

图 4-6　不同 pH‑Zeta 电位线性拟合图

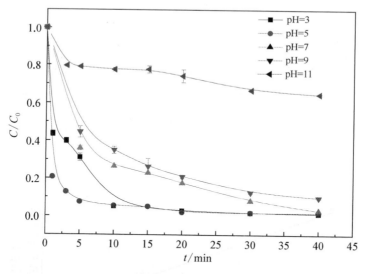

图 4-7　不同初始 pH 下 BMPACS 处理 CR 染料废水的效果

3. 浓度

图 4-8 所示为不同浓度下 BMPACS 处理 CR 染料废水的效果。向 CR 浓度为 100 mg/L、150 mg/L、200 mg/L、250 mg/L 和 300 mg/L 的 100 mL 溶液中投加 0.3 g BMPACS(pH=7),在相同转速、pH 为 5、反应温度为 30 ℃ 的条件下,进行吸附实验。CR 浓度的增加,抑制了 BMPACS(pH=7)对 CR 的吸附效率,BMPACS(pH=7)对 CR

的吸附效果变差。当 CR 浓度为 300 mg/L 时,反应 40 min 后,CR 的去除率为 54.11%;当 CR 浓度为 100 mg/L 时,反应 20 min 后,CR 的去除率为 98.41%,即浓度也是去除 CR 实验的一个重要影响因素,随着 CR 浓度的增加,CR 的去除率呈现出相应的递减规律。

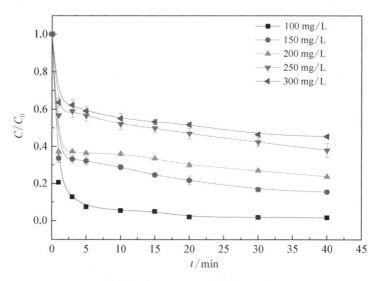

图 4-8   不同浓度下 BMPACS 处理刚果红染料废水的效果

4. 温度

图 4-9 所示为不同温度下 BMPACS 处理 CR 染料废水的效果。向 100 mL 浓度为 100 mg/L 的 CR 溶液中投加 0.3 g BMPACS(pH=7),在相同转速、pH 为 5、反应温度为 30 ℃、45 ℃ 和 60 ℃ 的条件下,进行吸附实验。随着温度升高,BMPACS(pH=7)对 CR 的吸

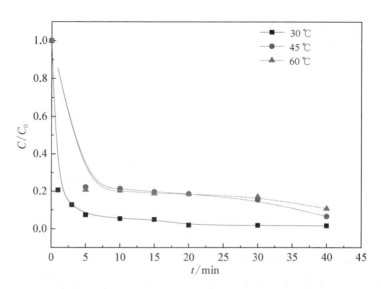

图 4-9   不同温度下 BMPACS 处理 CR 染料废水的效果

附效果逐渐变差,该反应为放热反应,低温有利于提高 CR 的去除效果。反应温度为 30 ℃、反应 40 min 后,CR 的去除率为 98.66%;反应温度为 60 ℃,反应 40 min 后,CR 的去除率为 89.49%。相对于投加量、pH 和浓度而言,温度对于去除 CR 实验的影响较小,并非主要因素。

5. 反应时间

图 4 - 10 所示为不同反应时间下 BMPACS 处理 CR 染料废水的效果。向 100 mL CR 浓度为 100 mg/L 的溶液中投加 0.3 g BMPACS(pH=7),在相同转速、pH 为 5、反应温度为 30 ℃的条件下,进行吸附实验,考察反应 3 min、5 min、15 min、30 min 和 40 min 后,吸附剂对 CR 的去除效果。反应 3 min 时,BMPACS(pH=7)对 CR 的去除率为 87.09%。随着反应的进行,水中 CR 的浓度逐渐降低,当反应 40 min 后,CR 的去除率为 98.66%。从图 4 - 10 中可以看出,反应时间的改变可显著影响对 CR 的去除效果。

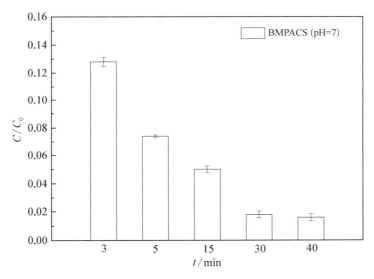

图 4 - 10　不同反应时间下 BMPACS 处理 CR 染料废水的效果

4.3.3　表征分析

1. 红外光谱分析

FTIR 技术可以揭示物质含有的特殊官能团,对解释吸附行为具有一定的参考价值。原聚铝废渣(BR/AR)、碱改性聚铝废渣(BR/AR)和氢氧化钙的 FTIR 图谱,如图 4 - 11 所示。3 640 cm^{-1}附近吸收带由钙氧化物中 M—OH 的伸缩振动形成,1 460 cm^{-1}附近的吸收带由—OH 弯曲振动形成的,1 010 cm^{-1}附近的吸收带由 Si—O—Fe 或 Si—O—Al 的伸缩振动形成,529 cm^{-1}附近的吸收带由 Al—O、Fe—O 伸缩振动形成,402 cm^{-1}附近的吸收带由 Al—O、Fe—O 的反伸缩振动形成[16,17]。从 PACS(BR)、BMPACS(BR)和 Ca(OH)$_2$的 FTIR 图谱中可以看出,采用氢氧化钙对原聚铝废渣改性,由于氢氧化钙用量少,改性后并未改变聚铝废渣的主要官能团。从 PACS（BR/AR）和 BMPACS（BR/AR）的 FTIR 图谱中可以看出,由于吸附剂处理的 CR 初始浓度不高,吸收峰并未发生较大程度的改变。

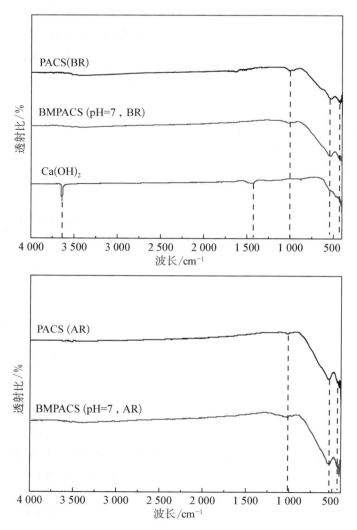

图 4 - 11　PACS(BR/AR)、BMPACS(BR/AR)和 Ca(OH)₂ 的 FTIR 图谱

2. X-射线衍射

PACS（BR）、BMPACS（BR）和 Ca（OH）₂ 的 XRD 图谱,如图 4 - 12 所示。PACS（BR）和 BMPACS（BR）均在 2θ 为 18.040°、32.830°、36.593°、47.270°、58.996°、64.772°附近出现尖锐的衍射峰,Ca（OH）₂ 在 2θ 为 18.040°、28.804°、34.142°、47.182°、50.945°、54.358°、62.672°、64.422°、71.949°附近出现尖锐的衍射峰。通过相关软件进行图谱分析,发现这些衍射峰分别与 Ca（OH）₂、CaTiO₃、FeAl₂O₄ 和 Fe₃O₄ 标准 PDF 卡片较为吻合。因此,确定

聚铝废渣中的主要成分为钙钛氧化物、铁铝氧化物和四氧化三铁,其物相晶型较好,且在活化过程中并未遭到较大破坏。据文献报道,Fe_3O_4对 CR 的吸附能力较强[18]。

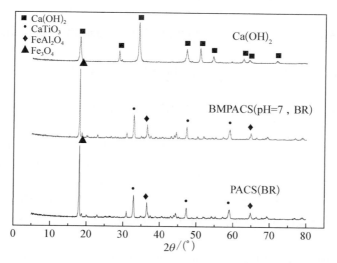

图 4-12　PACS（BR）、BMPACS(BR)和 Ca(OH)₂的 XRD 图

3. X-射线光电子能谱分析

图 4-13 所示为 BMPACS(pH=7)的 XPS 图,根据计算得到 Fe(Ⅱ)含量为 45.52%,相关文献报道,Fe^{2+}与 CR 分子间的配位作用,在中性及碱性环境下也可絮凝吸附 CR 染料分子[19],这一作用也解释了 CR 单因素 pH 的实验现象,即在中性及偏碱性条件下,BMPACS(pH=7)对 CR 仍有较强的吸附效果。

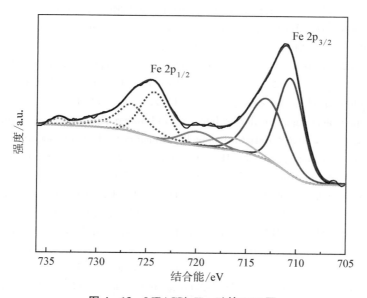

图 4-13　MPACS(pH=7)的 XPS 图

4. 比表面及孔隙度分析

图 4-14 所示为 PACS 和 BMPACS(pH=7)的吸附脱附等温曲线(a)和孔径分布(b)图,表 4.2 为 PACS 和 BMPACS(pH=7)的比表面和孔径特性表。如图 4-14(a)所示,PACS 和 BMPACS(pH=7)的吸附脱附等温曲线符合典型的 Ⅳ 型等温线。结合图 4-14(b)和表 4.1 可得,PACS 和 BMPACS(pH=7)的孔容分别为 0.009 529 cm³/g 和 0.033 162 cm³/g,BMPACS(pH=7)的比表面由 PACS 的 4.182 0 m²/g 增长到 16.330 8 m²/g,具有更多的吸附位点。改性聚铝废渣比表面积增大大幅度提高其对 CR 的去除效果。

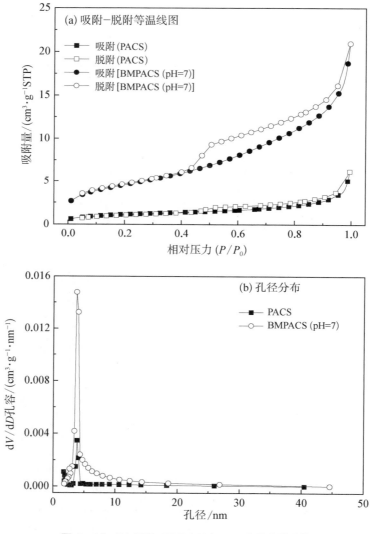

图 4-14　PACS 和 BMPACS(pH=7)吸附脱附等温曲线(a)和孔径分布(b)图

表 4.1　PACS 和 BMPACS(pH=7)的比表面和孔径特性表

材　料	比表面/(m² · g⁻¹)	孔径/nm	孔容/(cm³ · g⁻¹)
PACS	4.182 0	10.111 3	0.009 529
BMPACS(pH=7)	16.330 8	7.008 1	0.033 162

5. 扫描电子显微镜

PACS (BR) 和 BMPACS(BR) 的 SEM 图，如图 4 - 15 所示。BMPACS(BR) 经过 Ca(OH)₂ 改性后，部分 Ca(OH)₂ 进入聚铝废渣内部，改变了聚铝废渣的原有形貌，使团聚体分散，从而使 BMPACS(pH=7) 具有更粗糙的表面与更疏松的空隙结构，该结构有利于吸附剂在水体中更好地分散，CR 通过疏松空隙进入吸附剂内表面，然后达到吸附位点。更大的比表面积提高了吸附剂对 CR 的吸附作用。BMPACS(BR) 比 PACS (BR) 颗粒更细、比表面积更大、吸附性能更强，同时其还具有电性中和与吸附架桥的作用。因此，BMPACS(BR) 的微观结构对改善 CR 的去除效果有一定的强化作用。

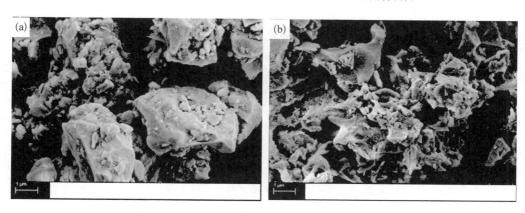

图 4 - 15　PACS(BR) 和 BMPACS(BR) 的 SEM 图
(a)：PACS(BR)；(b)：BMPACS(BR)

4.3.4　小结

通过处理 CR 染料的效果对照，确定最佳的聚铝废渣改性方法，在单因素实验中，研究 BMPACS 的投加量、反应温度和时间、CR 废水初始 pH 和浓度变化对 CR 染料去除效果的影响，并结合 FTIR、XRD、XPS、BET、SEM 图谱和纳米粒度及 Zeta 电位表征方式，解释 BMPACS(pH=7) 对 CR 的吸附行为。

与 PACS 和其他改性聚铝废渣相比，BMPACS(pH=7) 作为吸附剂对 CR 的去除效果较好，反应 10 min 后，BMPACS(pH=7) 对 CR 的去除率可达到 98.35%。

对于单因素实验，吸附剂投加量、CR 初始浓度和 pH 改变对去除 CR 染料效果的影响较大,反应时间次之,温度对其影响相对较小。关于影响因素 pH,需要结合吸附剂和 CR 的等电点综合考虑,在 pH ≥ 5 的条件下,随着吸附剂投加量和反应时间的增大,以及 CR 初始浓度、pH 和温度的减小,CR 的去除率逐渐升高。当吸附剂投加量为 0.3 g、CR 初始浓度为 100 mg/L、初始 pH 为 5、反应温度为 30 ℃、反应时间为 40 min 时,CR 的去除率为 98.66%。

从 FTIR 图中看出,BMPACS(BR/AR)含有 Si—O—Fe 或 Si—O—Al 以及 Al—O、Fe—O,Ca(OH)$_2$ 的加入并未改变聚铝废渣的主要官能团,结合 XRD 图和 XPS 图可以看出,BMPACS(pH=7)中含有 CaTiO$_3$、FeAl$_2$O$_4$ 和 Fe$_3$O$_4$,Fe^{2+} 与 CR 间有较强的配位作用,可有效吸附去除 CR。结合 BET 数据和 SEM 图可以看出,与 PACS 相比,BMPACS(pH=7)的表面更粗糙、空隙结构更疏松、比表面积增大、吸附位点增多,从而提高了 BMPACS(pH=7)对 CR 的吸附性能。结合纳米粒度和 Zeta 电位数据可知,当 pH 为 5 时,CR 表面带负电,BMPACS(pH=7)表面带正电,两者间存在静电吸引力,从而提高了 BMPACS(pH=7)对 CR 的去除效果。总之,BMPACS(pH=7)对 CR 的吸附过程包括化学吸附和物理吸附,是一个较为复杂的吸附过程。

4.4　碱改性聚铝废渣对刚果红染料废水吸附行为的研究

通过吸附动力学模型、吸附等温线模型和吸附热力学相关计算数据,研究 BMPACS(pH=7)对 CR 的吸附性能。通过利用吸附动力学模型中的准一级动力学模型、准二级动力学模型和 Elovich 模型判断 BMPACS(pH=7)的吸附性质;利用吸附动力学模型中的 Weber-Morris 内扩散模型和膜扩散传质模型判断吸附速率的控制机制;利用吸附等温线模型中的 Langmuir 和 Freundlich 模型判断吸附层类型;利用吸附热力学数据判断吸附与温度的密切关系,为实现工厂实际操作提供理论基础。

4.4.1　吸附性能分析

1. 吸附动力学

以 t(min)为横坐标,以 q_t(mg/g)为纵坐标,结合吸附动力学方程绘图,图 4-16 所示为 BMPACS 吸附 CR 的动力学拟合图。在图 4-16 中,准一级动力学方程的 R^2 值小于准二级动力学方程的 R^2 值(0.937),所以 BMPACS(pH=7)对 CR 的吸附过程更符合准二级动力学模型,化学吸附在 BMPACS(pH=7)对 CR 的吸附过程中起着主要作用。反应刚开始,BMPACS(pH=7)对 CR 的吸附速率较快,反应 20 min 后,吸附速率逐渐变缓,1 h 后 BMPACS(pH=7)对 CR 的吸附量达到吸附饱和状态。

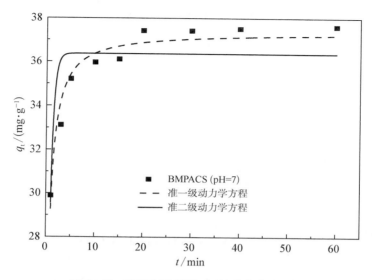

图 4 - 16　BMPACS 吸附 CR 的动力学拟合图

通过准一级和准二级动力学线性拟合方程，根据 BMPACS（pH＝7）对 CR 的吸附量随时间变化的数据绘图。以 t(min) 为横坐标，以 $\ln(q_e-q_t)$ 为纵坐标，拟合图为准一级动力学线性拟合图，如图 4 - 17 所示；以 t(min) 为横坐标，以 t/q_t 为纵坐标，拟合图为准二级动力学线性拟合图，如图 4 - 18 所示；以 $\ln t$ 为横坐标，q_t 为纵坐标，所得 Elovich 模型方程图，如图 4 - 19 所示。结合图 4 - 17、图 4 - 18 和图 4 - 19，得到线性拟合方程的解，从而求得对应模型 q_e、R^2、k_1、k_2、α 和 β 的理论值。BMPACS（pH＝7）吸附 CR 的动力学参数，见表 4.2。

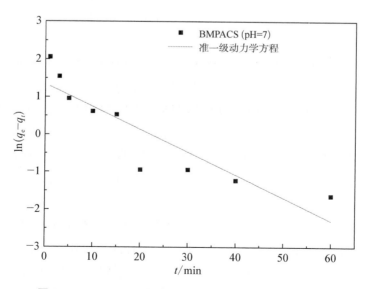

图 4 - 17　BMPACS 吸附 CR 的准一级动力学线性拟合图

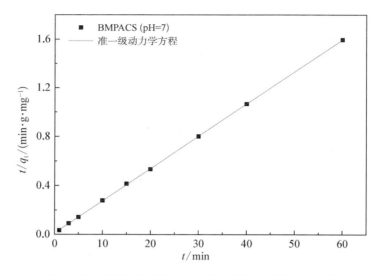

图 4‑18　BMPACS 吸附 CR 的准二级动力学线性拟合图

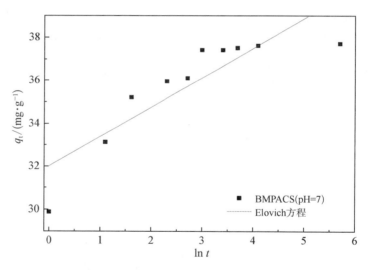

图 4‑19　BMPACS 吸附 CR 的 Elovich 模型方程图

表 4.2　BMPACS(pH＝7)吸附 CR 的动力学特性一览表

模　　型	动力学参数	BMPACS(pH＝7)
准一级动力学模型	实际值 q_e/(mg · g^{-1})	37.713
	理论值 q_e/(mg · g^{-1})	22.342
	k_1/min^{-1}	0.060 8
	R^2	0.788

续　表

模　　型	动力学参数	BMPACS(pH=7)
准二级动力学模型	实际值 q_e/(mg·g^{-1})	37.713
	理论值 q_e/(mg·g^{-1})	37.893
	k_2/(g·mg^{-1}·min^{-1})	0.061 1
	R^2	0.999
Elovich 模型	α	32.018
	β	1.369
	R^2	0.739

　　在准二级动力学方程中,BMPACS(pH=7)的 R^2 值为 0.999,大于准一级动力学方程的 R^2 值(0.788)和 Elovich 方程的 R^2 值(0.739),且准二级动力学方程解得的理论 q_e 值为 37.893 mg/g,与实验所得的实际 q_e 值(37.713 mg/g)也较为符合。综上可得,BMPACS (pH=7)对 CR 的吸附过程,与准二级动力学模型较为符合,化学吸附影响着吸附过程中吸附速率的变化。

　　为了判断 BMPACS(pH=7)对 CR 的吸附速率的控制过程,以 $t^{1/2}$ 为横坐标、q_t 为纵坐标,根据实验相关吸附动力学数据与 Weber - Morris 内扩散方程绘图,图 4 - 20 所示为 Weber - Morris 内扩散方程图。

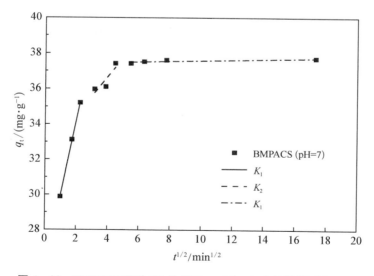

图 4 - 20　BMPACS 吸附 CR 的 Weber - Morris 内扩散模型方程图

　　结合图 4 - 20,可得到 Weber - Morris 内扩散方程的解,从而求得对应模型的 K_1、K_2 和 K_3 的值,表 4.3 为 BMPACS(pH=7)吸附 CR 的动力学特性一览表。由图 4 - 20 可知,BMPACS(pH=7)对 CR 的吸附可分为 3 个过程,首先是膜扩散过程(K_1),然后是内扩散过程(K_2),最后是吸附平衡过程(K_3)。首先,CR 通过 BMPACS(pH=7)(吸附剂)表面附着的流体介膜,从液相进入其外表面。之后,吸附剂外表面的 CR 通过吸附剂内部的孔道进入其内表面。最后,CR 到达吸附剂内表面的吸附位点,进而快速达到吸附平衡状态。

表 4.3　BMPACS 吸附 CR 的动力学特性一览表

Weber-Morris 内扩散方程参数	BMPACS(pH=11)
K_1	4.315
K_2	1.086
K_3	0.019

通过 $K_1 > K_2 > K_3$ 可知,膜扩散过程(K_1)的吸附速率最快,主要是因为初期吸附过程为表面吸附,聚铝废渣改性后,其表面变得更粗糙、比表面积变得更大、表面可与 CR 结合的 Fe^{2+} 更多;达到内扩散过程(K_2)后,由于受到吸附剂内部孔道等的阻碍,阻力增大,吸附速率变慢;达到吸附平衡过程(K_3)时,K_3 值接近于 0,吸附速率基本保持平缓状态。此外,内扩散过程的相应方程未过原点,可见 BMPACS(pH=7)对 CR 的吸附速率受到膜扩散和内扩散相互作用的影响。

以 t 为横坐标、$\ln(1-\alpha_p)$ 为纵坐标,根据实验相关吸附动力学数据和膜扩散传质方程绘图,图 4-21 所示为膜扩散传质方程图。将 t 值和 t 对应的 $\ln(1-\alpha_p)$ 进行线性拟合,得到的方程如下:

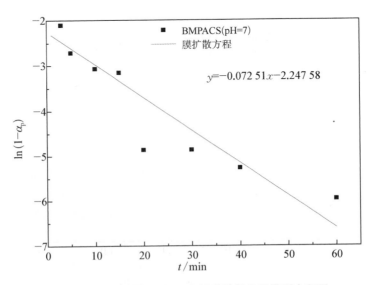

图 4-21　BMPACS 吸附 CR 的膜扩散传质模型方程图

$$y = -0.072\ 51x - 2.247\ 58 \tag{4.2}$$

由此可见,对于分析吸附速率的控制过程,Weber - Morris 内扩散模型比膜扩散传质模型更合适。

2. 吸附等温线

以 C_e(mg/L)为横坐标、q_e(mg/g)为纵坐标,结合吸附等温线方程绘图,图 4 - 22 所示为 BMPACS 吸附 CR 的等温线拟合图。

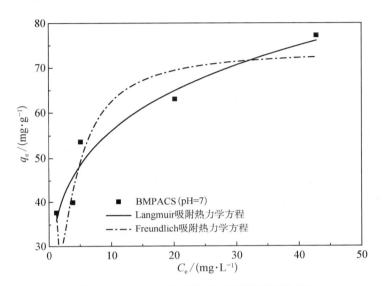

图 4 - 22 BMPACS 吸附 CR 的等温线拟合图

图 4 - 22 中,Langmuir 吸附等温线方程的 R^2 值为 0.875,其值大于 Freundlich 吸附等温线方程的 R^2 值(0.836),所以 Langmuir 吸附等温线方程能更好地描述 BMPACS (pH=7)对 CR 的吸附过程,BMPACS(pH=7)对 CR 的吸附过程更符合单层吸附[119]的特性。随着平衡浓度的增加,碱改性聚铝废渣对 CR 的吸附量也随之增加。

3. 吸附热力学

以 $1/T$ 为横坐标、$\ln K_d$ 为纵坐标,根据吸附热力学数据和热力学方程,求得相应温度的 K_d 值,图 4 - 23 所示为 BMPACS 吸附 CR 过程中,$\ln K_d$ - $1/T$ 拟合图。将 $1/T$ 和 $1/T$ 对应的 $\ln K_d$ 进行线性拟合,得到的方程如下:

$$\ln K = 4\ 352.137\ 991/T - 10.477\ 48 \tag{4.3}$$

通过方程式(4.3)相对应的斜率和截距,可求得对应的 ΔH 为 -36.184 kJ/mol 和 ΔS 为 -87.109 J/(mol・K),再求得温度为 303 K、318 K 和 333 K 对应 ΔG 分别为 -9.789 kJ/mol、-8.483 kJ/mol 和 -7.177 kJ/mol,表 4.4 为 BMPACS 吸附 CR 的热力学参数一览表。

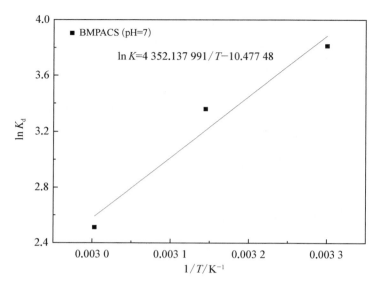

图 4 - 23 BMPACS 吸附 CR 过程中的 ln K_d～1/T 拟合图

表 4.4 BMPACS 吸附 CR 的热力学参数一览表

吸附材料	温度 /K^{-1}	ΔG /(kJ·mol^{-1})	ΔS /(J·mol^{-1}·K^{-1})	ΔH /(kJ·mol^{-1})	K_d /(mL·g^{-1})
BMPACS(pH=7)	303	−9.789	−87.109	−36.184	45.306
	313	−8.483			28.812
	333	−7.177			12.333

由表 4.4 可知,在不同温度下,$\Delta G<0$ 表明 BMPACS(pH=7)吸附 CR 的过程为自发反应;$\Delta H<0$ 表明 BMPACS(pH=7)吸附 CR 的过程为放热反应;$\Delta S<0$ 表明在 BMPACS(pH=7)吸附 CR 的过程中,固、液界面有序。K_d 值随着温度的升高而逐渐减小,说明降低温度对 BMPACS(pH=7)吸附 CR 有利,这一现象与 BMPACS(pH=7)吸附 CR 的单因素(温度)实验规律一致。

4.4.2 小结

通过吸附动力学和吸附热力学实验,研究 BMPACS(pH=7)作为吸附剂对 CR 的吸附性能。

从吸附动力学模型中得到: BMPACS(pH=7)对 CR 的吸附过程与准二级动力学模型较为符合,化学吸附影响着吸附过程中吸附速率的变化。Weber - Morris 内扩散方程中 $K_1>K_2>K_3$,说明吸附速率受到膜扩散和内扩散相互作用的影响,且膜扩散过程的吸附速率最快。

从吸附等温线模型中得到：BMPACS(pH＝7)对 CR 的吸附过程与 Langmuir 吸附等温线模型较为符合，吸附过程更接近单层吸附的方式。

从吸附热力学参数中得到：在不同温度下，$\Delta G < 0$ 表明 BMPACS(pH＝7)吸附 CR 的过程为自发反应；$\Delta H < 0$ 表明 BMPACS(pH＝7)吸附 CR 的过程为放热反应；$\Delta S < 0$ 表明在 BMPACS(pH＝7)吸附 CR 的过程中，固、液界面有序。K_d 值随着温度的升高而逐渐减小，表明降低温度对 BMPACS(pH＝7)吸附 CR 有利。

4.5　碱改性聚铝废渣处理刚果红染料废水实验条件的优化分析

采用正交实验和响应曲面法，通过聚铝废渣投加量、pH 和浓度这 3 个主要影响因素的设计，对 BMPACS(pH＝7)去除 CR 染料实验条件进行优化。用三因素三水平正交实验分析 3 个参数的影响程度，使用响应曲面法进一步使结果直观化，最终确定 BMPACS(pH＝7)去除 CR 染料实验的最佳条件，为实际应用提供理论基础。

4.5.1　正交实验

实验选取 BMPACS 投加量(g/L)、pH 和 CR 染料废水浓度(mg/L)作为 BMPACS(pH＝7)处理 CR 染料废水的 3 个主要影响因素，采用正交实验，每个因素设置 3 个水平，以 C/C_0 作为参考指标，设计优化方案。表 4.5 为三因素三水平正交实验表，结果见表 4.6。

表 4.5　BMPACS(pH＝7)实验因素、水平取值表

水平	BMPACS 投加量/(g·L⁻¹)	CR 染料废水浓度/(mg·L⁻¹)	pH
1	2.0	100	5
2	2.5	150	6
3	3.0	200	7

表 4.6 中，根据单因素实验结果，相对于其他因素，温度变化对去除效果的影响不大，综合考虑，正交实验的温度设置为室温，反应时间为 30 min。由于在单因素(投加量)处理 CR 染料废水的实验中，投加量为 3 g/L、4 g/L 和 5 g/L 时对 CR 染料废水的处理效果基本相同，故选用 3 g/L 为最大值。对于 pH 的影响，需要考虑 BMPACS(pH＝7)和 CR 在不同 pH 下的电荷状态，综合考虑后选取 BMPACS 投加量(A，g/L)、CR 染料废水浓度(B，mg/L)和 pH(C)的最低值、中间值和最大值，即 2.0、2.5、3.0；100、150、200；5、6、7。

表 4.6 正交实验结果与分析表

序号	投加量/(g·L^{-1})	浓度/(mg·L^{-1})	pH	C/C_0
1	1	1	1	0.236
2	1	2	2	0.529
3	1	3	3	0.706
4	2	1	2	0.318
5	2	2	3	0.525
6	2	3	1	0.520
7	3	1	3	0.081
8	3	2	1	0.168
9	3	3	2	0.452
K_1	1.471	0.635	0.924	
K_2	1.363	1.222	1.299	
K_3	0.701	1.678	1.312	
k_1	0.490	0.212	0.308	
k_2	0.454	0.407	0.433	
k_3	0.234	0.559	0.437	
极差 R	0.770	1.043	0.388	

由表 4.6 可知,极差值越大,因素对处理 CR 染料废水实验的影响越大,对于 C/C_0,3 个因素对其影响程度的排序为:浓度＞投加量＞pH。从单因素考虑,根据 C/C_0 值越小越好,得出 K 或 k 值越小,去除 CR 的效果越好。通过比较 K_1、K_2、K_3 的大小可得出,BMPACS(pH=7)投加量越大、浓度越小,pH 越低(在 pH≥5 的条件下),其处理 CR 染料的效果越好,这与单因素实验中得到的结论一致。浓度、投加量和 pH 在不同程度上对处理 CR 染料实验效果有显著的影响,其中影响效果最显著的是浓度,相对于其他两个因素,pH 的影响次之。以 C/C_0 作为处理 CR 染料废水实验的参考指标,得出相应的最佳条件为 $A_3B_1C_1$。

综合正交实验结果,选择浓度为 100 mg/L、投加量为 3 g/L、pH 为 5 为处理 CR 染料废水实验的最佳组合。在室温下,反应 30 min 后,C/C_0 的值为 0.018,CR 的去除率为 98.09%。

4.5.2 碱改性聚铝废渣响应曲面

BMPACS(pH=7)处理 CR 染料废水实验按照响应曲面法设计,首先,选择合适的影响因素,通过前述单因素实验结果可以得出较为重要的 3 个影响因素,即 pH、CR 染料废水浓度和 BMPACS 投加量。然后,选用常用的 Box-Behnken 设计法设计三因素三水平实验，共 17 组实验。

　　表 4.7 为 BMPACS(pH=7)响应曲面因子及水平取值表，反应条件设计为：反应温度为室温，反应时间为 30 min，投加量(A，g/L)和浓度(B，mg/L)和 pH(C)的最低值、中间值和最大值，分别为：2.0、2.5、3.0；100、150、200；5、6、7。响应曲面实验设计及结果见表 4.8。

表 4.7　BMPACS(pH=7)响应曲面因子及水平取值表

因　子	单位	编码	水平取值			因素取值		
投加量	g/L	A	−1	0	1	2.0	2.5	3.0
浓度	mg/L	B	−1	0	1	100	150	200
pH	—	C	−1	0	1	5	6	7

表 4.8　响应曲面实验设计及结果表

序号	A	B	C	C/C_0
1	1	0	−1	0.168
2	0	0	0	0.434
3	0	0	0	0.405
4	−1	−1	0	0.298
5	0	0	0	0.443
6	0	0	0	0.429
7	0	−1	1	0.369
8	−1	0	−1	0.446
9	−1	0	1	0.613
10	1	−1	0	0.204
11	−1	1	0	0.600
12	0	1	1	0.536
13	1	1	0	0.452
14	0	1	−1	0.520
15	0	−1	−1	0.201
16	1	0	1	0.393
17	0	0	0	0.432

　　相应曲面回归方程及分析结果见表 4.9，其中，R^2 为 0.944 9，P 为 0.001 3，证明该模型能较好地表示 BMPACS(pH=7)处理 CR 染料废水的结果，为实际应用提供了理论依据。利用模型预测的最佳条件为：CR 浓度为 100 mg/L，BMPACS(pH=7)投加量为 3 g/L，pH 为 5。

表 4.9　响应回归方程及分析结果表

响应值	响应方程	F 值	P 值	R^2
C/C_0	$C/C_0 = 0.43 - 0.093A + 0.13B + 0.072C - 0.013AB + 0.014AC - 0.038BC - 0.021A^2 - 0.019B^2 - 0.003C^2$	13.35	0.001 3	0.944 9

　　图 4-24 所示为残差正态概率分布图,残差的正态概率分布越靠近直线越好。图 4-25 所示为预测值与实验实际值的对应关系图,其中点越靠近一条直线越好,证明预测值越接近实验实际值。图 4-26 所示为残差与方程预测值的对应关系图,其中分布越分散、越无规律,表明模型的预测效果越好。

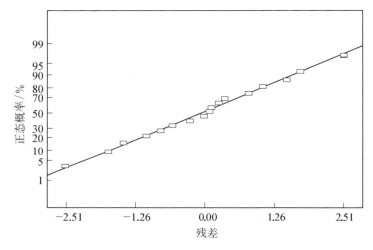

图 4-24　残差正态概率分布图

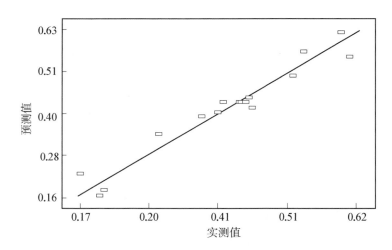

图 4-25　预测值与实验实际值的对应关系图

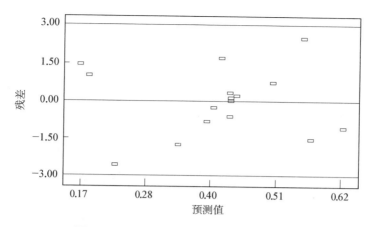

图 4 - 26　残差与方程预测值的对应关系图

4.5.3　响应曲面三维图

为了进一步了解三个因素中两个因素之间的交互关系，将 BMPACS 投加量（A，g/L）、CR 染料废水浓度（B，mg/L）和 pH（C），两两组合作其对于 C/C_0 影响情况的响应面图，如图 4 - 27 所示。三维图能更直观地展示在某个影响因素不变的情况下，其他两个因素对 CR 染料去除效果的联合影响情况。通过响应面图的凹凸和斜坡程度可以大致判断各因素对响应值 C/C_0 的影响程度。

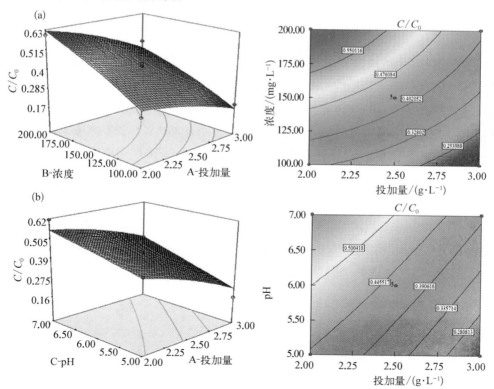

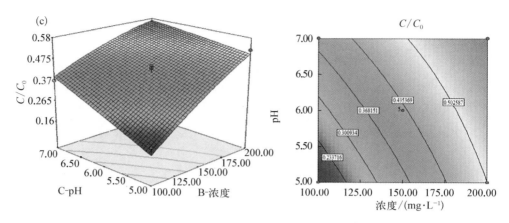

图 4 - 27　以 C/C_0 为响应值的响应曲面和等高线图

图 4 - 27(a)中,C/C_0 的值在 0.17~0.63 之间,浓度在很大程度上影响着 C/C_0 的大小,随着浓度降低,C/C_0 逐渐减小,即其处理 CR 染料废水的效果越好,相对于浓度,投加量对 C/C_0 的影响程度较小;图 4 - 27(b)图中,相对于 pH,投加量对 C/C_0 的影响程度较大,随着投加量的增加,C/C_0 逐渐减小;图 8 - 5(c)图中,C/C_0 的值在 0.16~0.58 之间,根据曲面坡度可以看出,浓度对 C/C_0 的影响程度大于 pH,浓度和 pH 越小,C/C_0 越小,利用 BMPACS 处理 CR 染料废水的效果越好。综合而言,浓度和 pH 的交互作用最大,且单因素影响程度按从大到小排序为:浓度>投加量>pH,这一结论符合正交实验结果。

4.5.4　小结

采用正交实验和响应曲面法,通过 BMPACS 投加量、pH 和 CR 浓度这 3 个主要影响因素对 BMPACS(pH=7)处理 CR 染料废水的实验条件进行优化分析。

通过对 BMPACS(pH=7)处理 CR 染料废水的效果进行正交实验,以 C/C_0 的值为参考值,可得:浓度和 pH 越小、投加量越大,C/C_0 越小,BMPACS 去除 CR 染料的效果越好。3 个因素对 C/C_0 的影响程度排序为:浓度>投加量>pH。CR 浓度为 100 mg/L、BMPACS 投加量为 3 g/L、pH 为 5 是最佳的除 CR 染料的实验组合,在室温下,反应30 min 后,C/C_0 为 0.018,CR 的去除率为 98.09%。

通过响应曲面法对投加量、浓度和 pH 进行进一步的优化分析,解得回归方程的 R^2 为 0.944 9,$P<0.05$,模型预测的最佳条件为 CR 浓度为 100 mg/L,BMPACS 投加量为 3 g/L,pH 为 5。当考虑两个因素联合作用时,浓度和 pH 的交互作用对 C/C_0 的影响程度最大。

主要参考文献

[1]　Shabnam R, Miah M A J, Sharafat M K, et al. Cumulative effect of hydrophobic PLMA and

surface epoxide groups in composite polymer particles on adsorption behavior of congo red and direct red-75[J]. Arabian Journal of Chemistry, 2016, 12(8): 4989 - 4999.

[2] Xu L, Sun P P, Jiang X Z, et al. Hierarchical quasi waxberry-like $Ba_5Si_8O_{21}$ microspheres: facile green rotating hydrothermal synthesis, formation mechanism and high adsorption performance for Congo red[J]. Chemical Engineering Journal, 2020, 384: 1 - 6.

[3] 汤睿,张寒冰,施华珍,等.CTAB 改性磁性膨润土对刚果红和酸性大红的吸附[J].高校化学工程学报,2019,33(3): 748 - 757.

[4] 蒋绍阶,王洪武.磁性金属有机骨架 Fe_3O_4@ZIF - 8 的制备及对偶氮染料刚果红的高效吸附[J].环境工程学报,2019,13(10): 2347 - 2356.

[5] Hu L S, Guang C Y, Liu Y, et al. Adsorption behavior of dyes from an aqueous solution onto composite magnetic lignin adsorbent[J]. Chemosphere, 2020, 246: 1 - 10.

[6] Zhang B, Zhou L H, Zhao S, et al. Direct synthesis of 3D flower-like maghemite particles and their properties[J]. Journal of Alloys and Compounds, 2020, 817: 1 - 8.

[7] Li J, Gong J L, Zeng G M, et al. The performance of UiO - 66 - NH2/graphene oxide (GO) composite membrane for removal of differently charged mixed dyes[J]. Chemosphere, 2019, 237: 1 - 12.

[8] 司学见.氧化石墨烯复合纳滤膜片层间距调控及其染料分离性能研究[D].无锡:江南大学,2019.

[9] 贾韫翰,丁磊,任培月,等.基于响应曲面法的磁性离子交换树脂去除甲基橙和刚果红的优化[J].过程工程学报,2020: 1 - 9.

[10] 陈琛,戴士博.铁粉和过氧化氢不同比例对偶氮脱色效果的影响[J].水科学与工程技术,2019,214(2): 64 - 67.

[11] 张涛,王俊波,王莉,等.偶氮染料刚果红的电聚合脱色反应动力学及产物研究[J].复旦学报(自然科学版),2018,57(5): 120 - 127.

[12] 金显春,宋嘉宁.表面修饰烟曲霉对刚果红的吸附性能研究[J].工业水处理,2019,39(10): 74 - 77.

[13] Harry-asobara J L, Kamei I. Characteristics of white-rot fungus phlebia brevispora TMIC33929 and its growth-promoting bacterium enterobacter sp. TN3W - 14 in the decolorization of dye-contaminated water[J]. Applied Biochemistry and Biotechnology, 2019, 189: 1183 - 1194.

[14] Wu Z, Yuan X, Zhong H, et al. Highly efficient adsorption of Congo red in single and binary water with cationic dyes by reduced graphene oxide decorated NH_2- MIL - 68(Al)[J]. Journal of Molecular Liquids, 2017, 247: 215 - 229.

[15] 方伟.改性石墨烯/聚吡咯复合材料对水中 Cr(Ⅵ)及刚果红的吸附研究[D].广州:华南理工大学,2018.

[16] 荀开昴.废铝渣制备聚硅酸铝铁絮凝剂及应用研究[D].南昌:南昌大学,2014.

[17] 崔林静.重金属离子在水合氧化铁(铝)/水体系的微界面过程研究[D].石家庄:河北师范大学,2013.

[18] 王力霞,于云秋,姚文生.纳米四氧化三铁制备及其吸附刚果红的性能研究[J].无机盐工业,2017,49(4): 37 - 40.

[19] 王文俊,阮红权,叶张荣.刚果红的零价铁还原脱色条件及机理研究[J].环境科学与管理,2008,33(10): 134 - 137.

第 5 章
碱改性聚铝废渣的除磷效果分析

5.1 废水除磷技术现状

近年来,我国众多流域频繁发生的藻类暴发事件,其根本原因在于水体中磷超标[1]。据不完全统计,水体中 30%～50% 的磷都来自城市污水厂排水,因此控制排水中总磷的排放量,是避免水体富营养化和藻类事件发生的重要措施之一[2]。目前,国内污水处理厂的排水中总磷执行《城镇污水处理厂污染物排放标准》(GB 18918—2002),其中一级 A 标规定其含量不得超过 0.5 mg/L,这就需要污水处理厂提标改造[3]。

磷有着不同于氮、硫的性质,无论其氧化态还是还原态都无法转化为气态被排放到空气中。废水除磷指的是通过不同的技术手段去除废水中的磷元素,以减少水体的富营养化和保护环境。常见的除磷方法可以分为三大类:生物法、化学法和物理法,此外,也可以将这几种方法结合起来使用,以提高除磷效率和效果。常用的方法有生物法、化学沉淀法、离子交换法、吸附法、结晶法、电渗析法、人工湿地法和膜技术等。

5.1.1 化学沉淀法

化学沉淀法是指利用化学试剂与废水中的磷反应,由于颗粒间相互作用,分散颗粒结合成聚集体而增大,导致沉淀,从而达到除磷目的。采用的化学试剂一般是铝盐、铁盐(包括亚铁盐)、石灰和铝、铁聚合物(聚合氯化铝铁)等,根据混凝剂投加点不同,其运行方式可分为投入原水(前置沉淀)、投入一级出水(协同沉淀)、投入二级出水(后置沉淀)三种。常用的无机混凝剂一般由铁盐和铝盐组成。有研究指出,高度聚合无机酸与铁、铝等金属离子一起可产生良好的混凝效果[4]。研究表明,利用三价铁和铝盐考察水体中磷的残留量和去除率,发现两者对水体中的磷都有较好的去除效果[5,6]。

铝盐分散于水体中时会形成单核的和多核的络合物。铝的多核络合物往往具有较高的比表面积和正电荷,能够迅速吸附水中带负电荷的物质,促进胶体脱稳、凝聚和沉淀,具有良好的除磷效果[7]。研究表明,主要起混凝作用的是 $Al_{13}(OH)_{34}^{5+}$,其可以与水中的胶体和悬浮物等迅速发生吸附架桥、卷扫及夹杂网捕等作用,最终生成网状

$[Al(OH)_3]_m$ 沉淀,有效去除磷。

化学沉淀法是一种实用有效的技术,其优点是:操作简单、除磷效果好、效率可达 80%~90%,且效果稳定,不会重新释放磷而导致二次污染,当进水浓度有较大波动时,仍有较好的除磷效果。缺点是:该法所用试剂量大,处理费用较高,且会产生大量的化学污泥[8]。

5.1.2　吸附法

吴慧芳[9]等使用给水厂平流池中聚合氯化铝混凝沉淀后的污泥,经盐酸改性后吸附水体中的磷,实验表明,改性后污泥的除磷性能提高了 22.2%。赵亚乾[10]等使用给水厂的含铝污泥作为人工湿地填料,不仅能取得良好的除磷净水效果,还能大幅降低运营成本。

5.1.3　离子交换法

离子交换法是利用强碱阴离子交换树脂,选择性地吸收去除废水中的磷。用此方法除磷时,容易发生树脂药物中毒,存在选择性差和交换容量低等缺点,因此,该方法难以实际应用[11]。

5.1.4　生物法

生物法除磷包括传统生物法除磷、反硝化除磷,以及活性污泥胞外聚合物(extracellular polymeric substances,EPS)吸附除磷。生物除磷的工艺有多种,如 A/O(anaerobic/oxic process)工艺、A^2/O(anaerobic/anoxic/oxic process)工艺、改良氧化沟工艺、UCT(unsaturated calcium treatment)工艺、SBR(sequencing batch reactor)工艺等。传统生物除磷理论认为,在厌氧/好氧交替运行条件下,活性污泥系统会驯化出一类微生物,该类微生物能够在厌氧条件下释放磷,在好氧条件下过量摄取废水中的磷,以多聚磷酸盐的形式储存在体内,形成高含磷污泥,通过排放剩余污泥达到除磷的目的,该类微生物被称为聚磷菌(phosphate accumulating orgasims,PAOs)[12]。

聚铝废渣中仍残留部分聚铝氯化物(PAC)的有效组分与钙元素,其可通过形成磷酸钙盐等方式对水体中的总磷进行去除,同时,鉴于预实验中投加过量的 PACS 可能会导致污泥上清液浑浊,在探究聚铝废渣在改性前后对水体中总磷与 COD 的去除效率的同时,也要关注其对废水浊度的影响。此外,由于 PAC 的有效组分与水体的 pH 关系较大,同时也需要考虑在不同 pH 状态下总磷的去除率。由于部分污水处理厂污泥浓缩池的出水中总磷及 COD 浓度较高,利用不同聚铝废渣对污泥进行调理,不仅可使污泥脱水性能得到提升,同时也可控制出水中总磷或 COD 的浓度。

5.2　不同聚铝废渣的除磷效果

5.2.1　原聚铝废渣对废水中总磷的去除效果

1. 投加量

利用标准物质配制含有 600 mg/L COD 和 5 mg/L 总磷的模拟废水,进行实验,考察在不同投加量下,PACS 对水体中总磷的去除率,结果如图 5-1 所示。结果显示,随着 PACS 投加量的增加,水体中总磷得到了有效去除。PACS 投加量在 0~1.5 g/L 时,投加量与去除率成正比;PACS 投加量为 1.5 g/L 时,总磷去除效率达到最高。水体中的总磷与 PACS 中的金属盐类(如铝盐和钙盐)结合,生成沉淀附着于 PACS 颗粒表面,从而实现去除。在去除总磷的同时,检测了废水体系的 pH,发现 pH 保持在稳定状态。

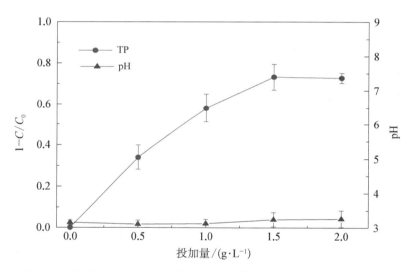

图 5-1　不同 PACS 投加量下总磷的去除效果及和水体 pH 的变化情况

PACS 对废水浊度的影响情况,如图 5-2 所示。随 PACS 投加量的增加,水体浊度与 PACS 投加量几乎呈现出正比关系的上升趋势,造成这一结果的原因是 PACS 中含有难溶的细微颗粒,该颗粒少量投加到污泥体系中时,仍可被污泥絮体捕捉,不会影响上清液浊度,但大量投加或直接投入水体中时,则会造成浊度的显著变化。

PACS 中含有部分铝盐和钙盐,该成分可能对废水体系中部分 COD 起吸附去除作用,在不同投加量下,PACS 对水体中 COD 的影响情况,如图 5-2 所示。结果表明,PACS 投加量增加,COD 浓度并未下降反而随之上升,引起该结果的原因可能是 PACS 无法去除可溶性的 COD,且 PACS 中部分物质溶于水体后,将会引起 COD 升高,例如,一些无机还原性盐类的溶出,会导致 COD 的假性增高。

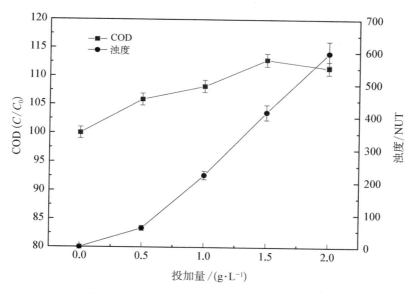

图 5-2　PACS 投加量对水体浊度、COD 的影响

2. 反应体系 pH

由于 PACS 中仍残留部分的 PAC 有效成分，有被重复利用的潜能。在 pH 适宜的情况下，PAC 的有效组分会产生絮体，通过化学反应、架桥及网捕卷扫等功能，达到对水体中总磷、浊度的去除。因此，考察在不同 pH 条件下，投加 1 g/L PACS 对水体中总磷的去除率和对浊度的影响，结果如图 5-3 所示。

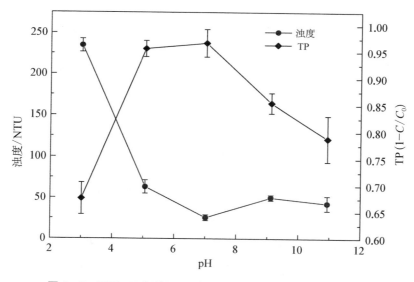

图 5-3　不同 pH 条件下 1 g/L PACS 对水体浊度、总磷的影响

在原始 pH 为 3.01 的条件下，总磷的去除率为 67.6%；当 pH 上升至 5.6～7.1 时，总磷去除率达到最高，即 95.6%～96.7%；当 pH 继续升高时，总磷去除率会下降。因此可判定 PACS 的最佳投加 pH 为 5~7。在原始 pH 为 3.01 的条件下,浊度高达 243 NUT;随着 pH 的上升,浊度逐渐下降;在 pH 为 7 时,浊度达到最低(25 NUT)。该结果表示,改变 PACS 的投加量,pH 将会在极大程度上影响 PACS 投加后水体的浊度,且 pH 为 7 时,总磷去除效果最佳。

5.2.2 改性聚铝废渣对废水中总磷的去除效果

改性后的聚铝废渣对废水中总磷的去除效率和浊度会产生不同的影响。实验中使用的 AMPACS 为经过 30%硫酸改性处理 2 h、研磨过筛后所取的粒径 150 μm 的聚铝废渣;BMPACS 为经 1mol/L 氢氧化钙改性处理 3 h、研磨过筛后所取的粒径 150 μm 的聚铝废渣。

1. 不同聚铝废渣除磷效果对比

聚铝废渣改性前后对水体中总磷的去除效果,如图 5-4 所示。分别向含有 5 mg/L 总磷的废水中投入 2 g/L 和 4 g/L 的 PACS、AMPACS 或 BMPACS。结果显示,聚铝废渣对水体中总磷的去除率均高于 90%,其中,BMPACS 的总磷去除率最高。此外,PACS 和 BMPACS 的投加量增加,均会导致总磷去除率的升高,而 AMPACS 投加量的变化,对总磷去除率影响较小。

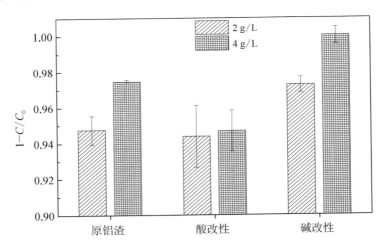

图 5-4 不同聚铝废渣对水体中总磷的去除效果

聚铝废渣改性前后投入废水中对水体浊度的影响效果,如图 5-5 所示,结果显示,PACS 和 AMPACS 对水体的浊度影响较大,且浊度随 PACS 投加量的增加而增大,但 BMPACS 对废水的浊度影响较小,且浊度随 PACS 投加量增加而轻微减小。造成该现象的原因是 BMPACS 中含有的氢氧化钙在被投入废水中后,能起到助凝剂的作用,将改性聚铝废渣中的细微颗粒集聚并沉降,与此同时,氢氧化钙溶于水体后,使水体的 pH 升高,从而使 BMPACS 有更好的总磷去除效果,以及保证上清液的浊度处于较低的状态。

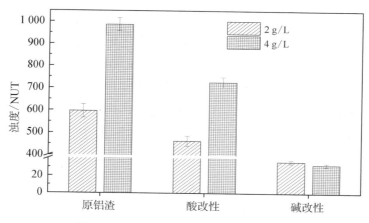

图 5 - 5　不同聚铝废渣对水体浊度的影响

2. 碱改性聚铝废渣投加条件优化

BMPACS 对废水中总磷的去除和浊度的控制效果较好,有必要探究其投加条件对废水中总磷及浊度的影响。BMPACS 的投加量与水体中总磷的去除率,以及 BMPACS 投加后废水 pH 的变化情况,如图 5 - 6 所示。向含有 5 mg/L 总磷的废水中投入 0、0.3 g/L、0.6 g/L、0.9 g/L、1.2 g/L、1.5 g/L 和 2 g/L 的 BMPACS。结果显示,随着 BMPACS 投加量的增加,其对水体中总磷的去除率升高,与此同时,废水的 pH 也同时升高。与 PACS 投加量增加后,总磷去除效果不同的是,随着 BMPACS 投加量的增加,废水中总磷的去除率上升速率更快,原因可能是 BMPACS 中的钙离子容易与磷酸盐形成难溶的磷酸钙盐,从而实现总磷的去除,同时,高投加量导致 pH 升高,使 BMPACS 中的有效组分起到絮凝作用,这也进一步促进了总磷的去除。

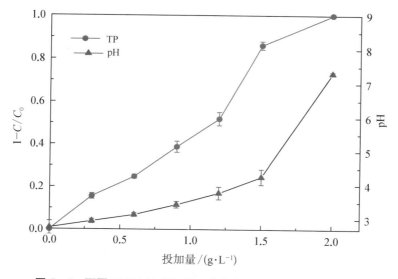

图 5 - 6　不同 BMPACS 投加量下水体中总磷的去除、pH 的变化

　　向含有 5 mg/L 总磷的废水中投入 0、0.3 g/L、0.6 g/L、0.9 g/L、1.2 g/L、1.5 g/L 和 2 g/L 的 BMPACS,废水上清液浊度的变化情况,如图 5-7 所示。结果显示,BMPACS 投加量较低时,水体浊度随投加量的增加而上升,当 BMPACS 投加量超过 0.5 g/L 时,水体浊度开始随投加量的增加而减小,最终稳定在 40 NUT 以下。造成这种现象的原因可能是,当投加量较低时,BMPACS 中所含氢氧化钙的量不足以显著影响 pH,未能促使聚铝废渣中的絮凝有效组分发挥作用,对废水中的微粒进行有效的絮凝沉降。

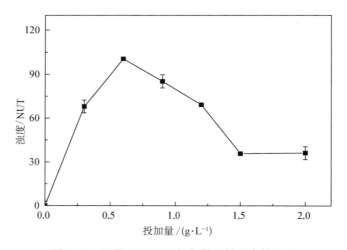

图 5-7　不同 BMPACS 投加量下的废水的浊度

　　为探究 BMPACS 去除废水中总磷的反应时间,向含有 5 mg/L 总磷的废水中投入 2 g/L 的 BMPACS,并在反应进行到 0、5 min、10 min、30 min、60 min 时分别取样,计算总磷去除率,结果如图 5-8 所示。结果显示,BMPACS 在废水中反应十分迅速,在 5 min 时反应几乎到达终点,并趋于稳定。

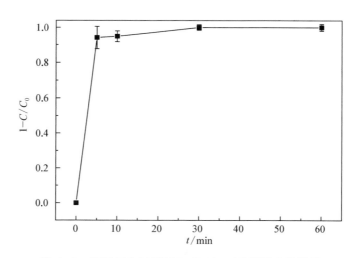

图 5-8　不同反应时间下 BMPACS 对总磷的去除效果

5.2.3　不同聚铝废渣对污泥中总磷的去除效果

为了探究聚铝废渣投入剩余污泥体系后,对上清液中总磷和 COD 的影响,向污泥中投入 PACS、AMPACS 和 BMPACS,搅拌反应后取上清液用 45 nm 的膜过滤,测定调理前后上清液中总磷与 COD 的含量,结果如图 5 - 9 所示。结果显示,利用 PACS 和 BMPACS 对污泥进行调理后,其对上清液中的总磷表现出良好的协同去除效果,但是对大部分 COD 的去除效果并不理想。AMPACS 调理污泥后,上清液中总磷与 COD 的含量反而增加,造成这一现象的原因可能是 AMPACS 中仍存留部分强酸性物质,其可破坏污泥的细胞膜,导致部分细胞破裂,使得内部细胞质流出,从而引起上清液中 COD 与总磷上升。

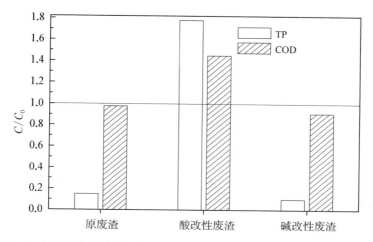

图 5 - 9　不同聚铝废渣投入污泥中对污泥上清液中总磷和 COD 的去除效果

5.2.4　小结

向含有 5 mg/L 总磷和 600 mg/L COD 的模拟废水中投加 PACS、AMPACS 和 BMPACS,探究聚铝废渣对废水中总磷和 COD 的去除率,以及对浊度的影响。结果显示,原聚铝废渣可以对水体中的总磷有较好的去除效果,但其对水体中可溶性的 COD 去除效果并不理性,且随着聚铝废渣投加量的增加,其对水体浊度产生的影响也会越大。水体 pH 对总磷的去除率与水体中浊度的控制有较大影响,最佳 pH 范围为 5～7。

对比聚铝废渣改性前后对废水中总磷的去除率和浊度的影响,发现,AMPACS 对废水中总磷的去除率与 PACS 的相似,但 BMPACS 对废水中总磷的去除率和对浊度的控制表现出更好的效果,其最佳的投加条件为:投加量为 2 g/L,反应时间为 5 min,废水出水总磷去除率几乎达到 100%,浊度控制在 50 NUT 以下。

在剩余污泥体系中,在最佳投加条件下,利用 PACS、AMPACS 和 BMPACS 调理污泥。PACS 和 BMPACS 调理污泥后,上清液中总磷显著降低;但 AMPACS 调理污泥后,上清液中总磷与 COD 的含量,与调理前相比,有所升高。

5.3　碱改性聚铝废渣除磷的吸附行为分析

基于上述实验结果可知,碱改性聚铝废渣除磷效果较好,且表现出一定的吸附性能。利用 X 射线荧光光谱仪(XRF)分析,吸附行为研究实验所用 PACS 的化学组分,结果见表 5.1。PACS 的主要成分为 SiO_2 和 Al_2O_3,这两种成分的占比超过 70%。在室温下,将 100 g 的 PACS 和 10 g 的氢氧化钙混匀,在 85 ℃下搅拌反应 2 h,冷却,自然成固后,置入马弗炉中在 300 ℃温度下焙烧,然后在研钵中研磨过筛,所得固体粉末即为 BMPACS[13]。

表 5.1　PACS 化学组成及占比　　　　　　　单位:%

组分	SiO_2	Al_2O_3	Fe_2O_3	CaO	TiO_2	其他
PACS	40.00	30.50	1.49	10.20	13.78	4.03

BMPACS 吸附动力学实验:取一定体积和浓度的模拟含磷废水,加入 1.0 g BMPACS,在 25 ℃水浴中振荡 5 min、15 min、30 min、60 min、120 min 和 180 min 后,取上清液,分析模拟含磷废水中残留总磷浓度。吸附热力学实验也在 25 ℃下进行,并将投加等量 PACS 实验作为参照。

5.3.1　PACS 和 BMPACS 材料表征

1. 扫描电镜分析

PACS 和 BMPACS 样品经电镜扫描分析(SEM),结果如图 5-10 所示。PACS 为颗

图 5-10　PACS(a)和 BMPACS(b)的 SEM 图

粒状固体,平均粒径为 0.08~0.12 mm,呈灰褐色,质地较硬。对比发现,PACS 改性后,颗粒表面变得更粗糙、表面变得疏松多孔,这表明改性在一定程度上增大了其比表面积。所以,BMPACS 具有较好的孔隙和孔结构,吸附容量较大。

2. BET 测定

从图 5-11 中可以看出,BMPACS 的氮气吸附-脱附等温线为典型Ⅳ型等温线,表明其为介孔材料。从表 5.2 中可知,PACS 本身是大孔材料,经改性后得到的 BMPACS 属于介孔材料[8],具有更大的吸附容量。BMPACS 的比表面积为 7.912 6 m²/g,是 PACS 的近 4 倍;BMPACS 的孔容也是 PACS 的近 2 倍。这一结果表明,BMPACS 的孔结构性质得到了进一步改善,主要是因为改性剂给 PACS 提供了更多的活性位点。

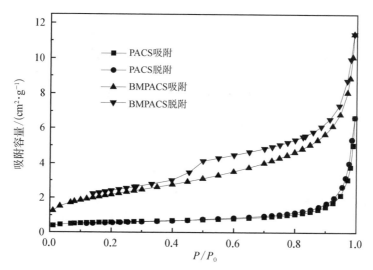

图 5-11　PACS 和 BMPACS 的氮气吸附表征

P—被吸附气体在吸附温度下平衡时的压力;P_0—饱和蒸汽压力

表 5.2　PACS 和 BMPACS 的孔结构特征

样　品	S_{BET}/(m² · g⁻¹)	$S_{langmuir}$/(m² · g⁻¹)	平均孔径/nm	孔容/(cm³ · g⁻¹)
PACS	2.061 8	2.812 0	151.011 3	0.007 784
BMPACS	7.912 6	11.007 0	38.902 8	0.015 61

5.3.2　吸附动力学

BMPACS 的动力学数据,如图 5-12 所示。由图 5-12 可知,BMPACS 对磷的吸附效果明显好于 PACS。在反应 5~60 min 时,BMPACS 对磷的吸附量随时间的延长而快速增长,此后增长趋势逐渐变缓;反应 60 min 时,吸附量为 30.42 mg/g,随后达到吸附平衡状态。

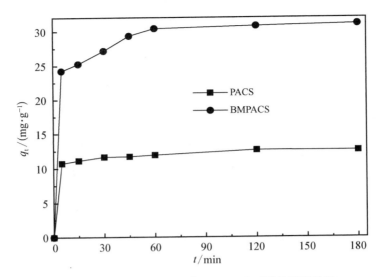

图 5‑12　不同时刻 PACS 与 BMPACS 对磷的吸附效果

吸附动力学主要研究吸附速率的变化,常用 Lagergren 吸附速率方程来表示:

一级吸附动力学方程[14]:

$$\lg(q_e - q_t) = \lg q_e - \frac{k_1}{2.303}t \tag{5.1}$$

二级吸附动力学方程[15]:

$$\frac{t}{q_t} = \frac{1}{k_2 q_e^2} + \frac{1}{q_e}t \tag{5.2}$$

式中,q_e 和 q_t 分别表示平衡时和时间为 t 时的吸附量,mg/g;k_1 和 k_2 分别表示 Lagergren 一级和二级吸附速率常数,单位分别为 L/min 和 g/(mg・min)。

将图 5.12 中的数据代入 Lagergren 一级反应动力学和二级反应动力学中,进行线性回归分析,回归参数见表 5.3。由表 5.3 可知,两种吸附剂对磷的吸附行为符合二级动力学模型,线性相关系数 R^2 分别为 0.995 3 和 0.999 9。

表 5.3　两种吸附剂吸附磷的动力学模型参数

吸附剂	$q_e/$ $(mg \cdot g^{-1})$	Lagergren 一级动力学模型			Lagergren 二级动力学模型		
		k_1/min^{-1}	$q_e/$ $(mg \cdot g^{-1})$	R^2	$k_2/(g \cdot mg^{-1}$ $\cdot min^{-1})$	$q_e/$ $(mg \cdot g^{-1})$	R^2
PACS	13.60	0.087 3	7.45	0.873 3	0.061 6	15.26	0.995 3
BMPACS	30.72	0.013 4	13.82	0.965 5	0.035 3	30.96	0.999 9

5.3.3 吸附热力学

PACS 和 BMPACS 的吸附磷的吸附等温线,如图 5 - 13 所示。由图 5 - 13 可知,两种吸附剂对磷的吸附趋势基本一致,但 BMPACS 对磷的吸附效果明显优于 PACS,其吸附饱和量达到了 22.28 mg/g。

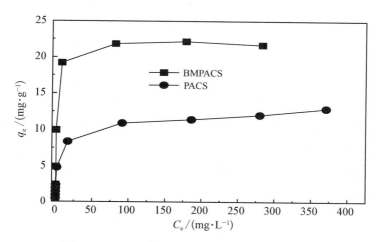

图 5 - 13   PACS 与 BMPACS 吸附磷的吸附等温线

吸附热力学中常用的吸附速率方程如下:

Langmuir 吸附等温式[16]:

$$\frac{1}{q_e} = \frac{1}{Q^0} + \frac{1}{bQ^0 C_e} \tag{5.3}$$

Freundlich 吸附等温式[17]:

$$\lg q_e = \lg K_F + \frac{1}{n} \lg C_e \tag{5.4}$$

式中,q_e 为单位质量吸附剂吸附磷的量,mg/g;C_e 为吸附平衡时溶液中剩余磷的量,mg/L;Q^0 为构成单分子层吸附时单位质量吸附剂的饱和吸附量,mg/g;b、K_F 为常数;n 为与温度等因素有关的常数。

分别采用 Langmuir 和 Freundlich 两种吸附模型对实验数据进行拟合,拟合结果见表 5.4。由表 5.4 可以看出,两种吸附剂对磷的吸附行为更符合 Langmuir 吸附等温方程,对应的 R^2 分别为 0.990 1 和 0.990 6,均大于 Freundlich 吸附等温方程的 R^2 值。

表 5.4　两种吸附剂吸附磷的等温线参数

吸附剂	Langmuir 等温线参数			Freundlich 等温线参数		
	$Q^0/(mg \cdot g^{-1})$	$b/(L \cdot mg^{-1})$	R^2	K_F	n	R^2
PACS	12.22	0.049	0.990 1	0.47	0.39	0.877 2
BMPACS	22.28	0.015	0.990 6	0.38	0.526	0.795 6

5.3.4　小结

使用 PACS 为原料制备改性吸附剂(BMPACS),通过对模拟废水中磷的吸附进行实验研究,结果表明:

BET 和 SEM 分析表明,相比于 PACS,BMPACS 具有更大的比表面积,加入改性剂以后,其层状结构更加明显。

BMPACS 在吸附除磷 60 min 时,吸附量为 30.42 mg/g,其对磷的吸附行为符合二级吸附动力学模型与 Langmuir 吸附等温模型。

主要参考文献

[1] 金昌盛,邓仁健,任伯帜,等.PAC、PAFC 与石灰组合投加强化化学除磷效果的研究[J].工业水处理,2018,38(3):46 - 49

[2] 耿雅妮,巨龙,任雪盈.改性铝污泥颗粒吸附剂的除磷性能及其风险评价[J].当代化工,2018,47(1):33 - 37

[3] 郑怀礼,葛亚玲,寿倩影,等.改性钢渣的制备及其吸附除磷性能[J].土木建筑与环境工程,2016,38(6):129 - 134

[4] Wen P C. Hydrolysis characteristic of Polyferric sulfate coagulant and its optimal condition of preparation[J]. Colloids and Surfaees A: Physieochemical and Engineering Aspeets, 2001, 18(2): 57 - 63.

[5] Wang Y Q, Han T W, Xu Z, et al. Optimization of phosphorus removal from secondary effluent using simplex method in Tianjin, China[J]. Journal of Hazardous Materials, 2005, 121(1 - 3): 183 - 186.

[6] Ebeling J M, Sibrell P L, Ogden S R, et al. Evaluation of chemical coagulation-flocculation aids for the removal of suspended solids and phosphorus from intensive recirculating aquaculture effluent discharge[J]. Aquacultural Engineering, 2003, 29(1 - 2): 23 - 42.

[7] 徐国想,阮复昌.铁系和铝系无机絮凝剂的性能分析[J].重庆环境科学,2001,23(3):52 - 55.

[8] 牛艳红.废水处理中除磷方法的利弊分析[J].河北工业技术,2006,23(6):356 - 359.

[9] 吴慧芳,胡文华.聚合氯化铝污泥吸附除磷的改性研究[J].中国环境科学,2011,31(81):1289 - 1294.

[10] 赵亚乾,杨永哲,Akintunde B.以给水厂铝污泥为基质的人工湿地研发概述[J].中国给水排水,2015,31(11):124 - 130.

[11] Gebremariam S Y, Beutel M W, Christian D, et al. Research advances and challenges in the microbiology of enhanced biological phosphorus removal[J]. Water Environment Research. 2011, 83(3): 195 - 219.

[12] Oehmen A, Lemos P C, Carvalho G, et al. Advances in enhanced biological phosphorus removal: From micro to macroscale[J]. Water Research. 2007, 41(11): 2271 - 2300.

[13] 韩晓刚,刘转年,陆亭伊,等.改性聚氯化铝残渣吸附剂制备及其除磷性能[J].无机盐工业,2019, 51(4): 59 - 62.

[14] Rajeev K, Mohammad O, Talal A, et al. Hybrid chitosan/polyaniline-polypyrrole biomaterial for enhanced adsorption and antimicrobial activity[J]. Journal of Colloid and Interface Science, 2017, 490(15): 488 - 496.

[15] Majid T, Samaneh H. Selective adsorption of Cr(Ⅵ) ions from aqueous solutions using a Cr(Ⅵ)-imprinted polymer supported by magnetic multiwall carbon nanotubes[J]. Polymer, 2017, 132: 1 - 11.

[16] Zhang K, Li H, Xu X, et al. Synthesis of reduced graphene oxide/NiO nanocomposites for the removal of Cr(Ⅵ) from aqueous water by adsorption[J]. Microporous and Mesoporous Materials, 2018, 255(34): 7 - 14.

[17] Nazia H K, Madhumita B, Kriveshini P, et al. Selective removal of toxic Cr(Ⅵ) from aqueous solution by adsorption combined with reduction at a magnetic nanocomposite surface[J]. Journal of Colloid and Interface Science, 2017, 503: 214 - 228.

附录1：相关论文和专利情况

［1］ 李晴淘,张淳之,周吉峙,陆永生,陆亭伊,顾一飞,闵建军.改性聚铝废渣对污泥脱水性能的影响[J].工业水处理,2019,9(12)：79－81.

［2］ 韩晓刚,闵建军,李祖兵,陆亭伊,顾一飞,李晴淘,陆永生.响应曲面法优化改性聚合氯化铝废渣用于污泥脱水[J].环保科技,2019,25(4)：6－11.

［3］ 韩晓刚,刘转年,陆亭伊,顾玲玲,顾一飞.改性聚氯化铝残渣吸附剂的制备及对亚甲基蓝的吸附[J].印染助剂,2019,36(06)：21－24.

［4］ 韩晓刚,刘转年,陆亭伊,顾玲玲,顾一飞.改性聚氯化铝残渣吸附剂制备及其除磷性能[J].无机盐工业,2019,51(04)：59－62.

［5］ 韩晓刚,顾一飞,闵建军,刘转年.聚氯化铝残渣制备水化氯铝酸钙及其对六价铬的吸附[J].电镀与涂饰,2021,40(4)：308－312.

［6］ 韩晓刚,闵建军,顾一飞,刘转年.聚氯化铝残渣制备CaFeAl－LDO及其对甲基橙的吸附[J].无机盐工业,2021,53(10)：81－85.

［7］ 韩晓刚,穆金鑫,蔡建刚,顾玲玲,张淳之,陆永生.改性含铝废渣对水中重金属镍的吸附行为[J].工业水处理,2022,42(10)：146－153.

［8］ 韩晓刚,蔡建刚,穆金鑫,韩鑫琪,王一鸣,张雨哲.改性聚氯化铝残渣吸附剂制备及其对镍吸附性能[J].电镀与精饰,2022,44(12)：80－87.

［9］ 韩晓刚,穆金鑫,顾玲玲,张淳之,陆永生.改性含铝废渣对废水中镍的吸附机理和动力学影响[J].电镀与精饰,2023,45(2)：14－19.

［10］ 韩晓刚,李雪峰,赵佳,蒋晓春,顾玲玲,顾一飞,陆亭伊.一种利用聚氯化铝压滤残渣制备的吸附剂及其方法和应用.2021.07.13,中国,ZL201810498229.0.

附录2：相关标准

1. 水处理剂　聚氯化铝(GB/T 22627—2022)

本标准规定了对水处理剂聚氯化铝的要求、试验方法、检验规则、标志、包装、运输和贮存。本标准适用于工业给水、废水和污水及污泥处理用聚氯化铝。

本标准历经 GB 15892—2003、GB/T 22627—2008、GB/T 22627—2014、GB/T 22627—2022，最新标准 GB/T 22627—2022 更能反映产品质量和适应当前时代的要求。具体技术指标如表1所示。

表1　技术指标

	指　　标	
	液体	固体
氧化铝(Al_2O_3)的质量分数/%	8.0	28.0
密度(20 ℃)/(g・cm^{-3})	1.1.2	—
盐基度/%	20～98	
不溶物的质量分数/%	0.4	
pH(10 g/L 水溶液)	3.5～5.0	
铁(Fe)的质量分数/%	1.5	
氨氮(以 N 计)的质量分数/%	0.05	
砷(As)的质量分数/%	0.000 5	
铅(Pb)的质量分数/%	0.002	
镉(Cd)的质量分数/%	0.000 5	
汞(Hg)的质量分数/%	0.000 05	
铬(Cr)的质量分数/%	0.005	

表中所列产品的不溶物,铁、氨氮、砷、铅、镉、汞、铬的指标均按 Al_2O_3 质量分数为 10%计,当 Al_2O_3 含量≠10%时,应将实际含量折算成 Al_2O_3 为 10%产品比例,计算出相应的质量分数。

2. 生活饮用水用聚氯化铝(GB 15892—2020)

本标准规定了对生活饮用水用聚氯化铝的要求、试验方法、检验规则、标志、包装、运输和贮存。

本标准适用于生活饮用水用聚氯化铝,该产品主要用于生活饮用水的净化。

本标准历经 GB 15892—1995、GB 15892—2003、GB 15892—2009、GB 15892—2020,最新标准 GB 15892—2020 对聚氯化铝的生产运行,包括原料、技术路线以及生产设备调整产生了重大影响。具体技术指标如表 2 所示。

表 2 技术指标

	指 标	
	液体	固体
氧化铝(Al_2O_3)的质量分数/%	≥10.0	≥29.0
密度(20 ℃)/(g·cm^{-3})	≥1.1.2	—
盐基度/%	45.0~90.0	
不溶物的质量分数/%	≤0.1	
pH(10 g/L 水溶液)	3.5~5.0	
铁(Fe)的质量分数/%	≤0.2	
砷(As)的质量分数/%	≤0.000 1	
铅(Pb)的质量分数/%	≤0.000 5	
镉(Cd)的质量分数/%	≤0.000 1	
汞(Hg)的质量分数/%	≤0.000 01	
铬(Cr)的质量分数/%	≤0.000 5	

表中所列产品的不溶物、铁、砷、铅、镉、汞、铬的质量分数均按 Al_2O_3 含量为 10.0%计,Al_2O_3 含量>10.0%时,应按实际含量折算成 Al_2O_3 为 10.0%产品比例,计算出相应的质量分数。本产品还应符合国家相关法律法规及强制性标准要求。

3. 水处理剂聚氯化铝废渣资源化处理技术规范(HG/T 5961—2021)

2017 年全国标准化工作重点中提出"加快绿色化工产业标准研制"要求,本项目符合

《国家标准化体系建设发展规划(2016—2020 年)》第三章"重点领域"中第三条"加强生态文明标准化,服务绿色发展"专栏 5"生态保护与节能减排领域标准化重点"中的"环境保护"范畴;在国务院发布的《国家中长期科学和技术发展规划纲要(2006—2020 年)》中,将资源节约、环境保护、废弃物处置等列入重点领域;符合工信部、商务部、科技部三部委联合发布的《关于加快推进再生资源产业发展的指导意见》中以产生量大、战略性强、易于回收利用的再生资源品种为重点,分类指导,精准施策,完善技术规范,实行分重点、分品种、分领域的定制化管理的要求。

我国是水处理剂聚氯化铝的生产大国和消费大国,同时也是出口大国。截至目前,我国聚氯化铝年产量保守估计已达 350 万吨以上(以氧化铝含量 30％固体产品计),约占世界聚氯化铝总产量的 60％。聚氯化铝的原材料主要包括铝酸钙粉、氢氧化铝、盐酸、铝矾土等材料,其中以氢氧化铝和铝酸钙粉作为含铝原料时,每生产 1 吨聚氯化铝产品(固体)所产生的废渣可达 90 kg,如此计算,我国每年由聚氯化铝生产而产生的废渣就有 30 万吨以上。如何处理如此大产量的废渣一直是困扰生产厂家的头号难题。

在聚氯化铝的生产过程中,这些原材料相互反应会形成大量的废渣,这些废渣呈黏稠胶状、土黄色、弱酸性,具有含水率高等特点。对于这些废渣传统的处理方式是直接堆放、晾干水分,然后填埋;或者未经晾干,直接填埋处理,这种处理方法对土壤环境造成了极大的危害。采用焚烧的方式对废渣进行处理时,会产生大量的酸性气体和炉渣,对环境危害也较大。这类废渣的主要成分为氧化钙、氧化铝、二氧化硅,除了呈弱酸性,无其他有害物质,在化学成分上与硅酸盐类似。因此,可以通过中和改性固化处理后用于生产硅肥、建筑材料、污泥调理剂以及脱色剂、添加剂等产品,以此推动循环经济发展,促进节能减排,加快构建可持续的生产方式,实现废渣的资源化利用。

本文件规定了水处理剂聚氯化铝废渣资源化处理的总体要求、工艺路线、预处理及资源化方法。

本文件适用于以活性高岭土、铝酸钙粉、三水铝石、氢氧化铝等原料生产聚氯化铝产品过程中产生的废渣的资源化处理过程。

4. 水化氯铝酸钙(HG/T 5352—2018)

本标准规定了水化氯铝酸钙的分型、要求、试验方法、检验规则、标志、标签、包装、运输和贮存。

本标准适用于水化氯铝酸钙。该产品主要作为重金属废水、含磷废水及含氟废水的处理剂、土壤修复剂、红外线吸收剂、催化剂及催化剂前驱体,水处理中的离子交换材料,酸抑制剂、阻燃剂、农药及肥料缓释剂等。

具体技术指标如表 3 所示。

表 3　技术指标

		指　标	
		Ⅰ 型	Ⅱ 型
CaO 与 Al$_2$O$_3$摩尔比		3.7～4.5	5.2～6.8
氧化钙(CaO),ω/%		39.0～42.0	46.0～49.0
氧化铝(Al$_2$O^3),ω/%		17.0～19.0	13.0～16.0
干燥减量,ω/%	≤	5.0	
酸不溶物,ω/%	≤	5.0	
重金属(以 Pb 计),ω/%	≤	0.003	
pH(20 g/L 悬浮液)		10.5～12.5	